初創生態
101

香港城市大學出版社
City University of Hong Kong Press

責任編輯	陳小歡
訪問撰稿	何兆彬、張康靜、江昊蔚
裝幀設計	蕭慧敏
排　　版	王韶馨、陳先英
編輯助理	黃昕瞳（香港城市大學翻譯及語言學系三年級）
	溫晉銘（香港城市大學中文及歷史系三年級）
	梁子聰（香港城市大學英文系二年級）
數碼影片助理	丁己渓（香港城市大學創意媒體系四年級）

鳴謝

承蒙楊珮珊小姐授權，本書部分問答題目翻譯及改寫自：
https://edithyeung.substack.com/p/top-10-pr-tips-for-startup-founders

國際統一書號：978-962-937-692-5
出版

　　香港城市大學出版社

　　香港九龍達之路

　　香港城市大學

　　網址：www.cityu.edu.hk/upress

　　電郵：upress@cityu.edu.hk

©2024 City University of Hong Kong

Startup 101

(in traditional Chinese characters)

ISBN: 978-962-937-692-5

Published by

　　City University of Hong Kong Press

　　Tat Chee Avenue

　　Kowloon, Hong Kong

　　Website: www.cityu.edu.hk/upress

　　E-mail: upress@cityu.edu.hk

Printed in Hong Kong

近年，「初創」成為香港的熱門話題，創業文化愈趨濃厚，整個初創環境愈來愈成熟，形成生氣蓬勃的生態圈。香港更有不少企業脫穎而出，獲得耀眼的成績，甚至打入國際市場，成為「獨角獸」企業。

本系列通過訪問香港不同行業具代表性的企業創辦人，以及初創生態圈的各種範疇的持份者，期望通過初創企業人創業及經營業務的真實故事，以及持份者的專業意見與建議，讓那些計劃創業、正在創業或創業途中遇到困難的人有所啟發，鼓勵年輕創業人勇敢追夢。

城創系列

編輯委員會

黃嘉純 SBS JP
香港城市大學校董會主席

楊夢甦
香港城市大學高級副校長（創新及企業）
楊建文生物醫學講座教授

余皓媛 MH
香港城市大學顧問委員會成員
青年發展委員會委員
兒童事務委員會委員

陳家揚
香港城市大學出版社社長

目錄

初創 Q&A

概念 / 態度　Starting Startups

管理/夥伴 Team Management

財務/資金 Cash Flow Strategy

成長／擴展 Scaling Up & Succeeding

Connect+ 連繫初創生態圈

總

序

黃嘉純 SBS JP
香港城市大學校董會主席

世界在變。近年科技的發展快速得教人目眩，科技創新的力量正在
重構社會各個領域。迎接科技，已是時代的必然選擇。國家主席早
在2018年明確支持香港成為國際創新科技中心，香港特區政府及
社會各界近年對初創企業的支持更是廣泛。青年人創意無限，初創
企業的出現和發展，不僅能提升香港整體的創科水平，更能吸納新
世代人才，鞏固香港作為超級聯繫人的角色，成為匯聚大灣區人才
資金和技術，接通國際的理想橋樑和平台。

初創企業要成功，除了青年人創意無限的創新想法，學界培育也
是重要一環。香港城市大學一直堅定地站在前沿。 2021年，港城
大創辦大型創新創業計劃HK Tech 300，通過結合港城大社群和
香港社會各界的力量，為正在萌芽階段的初創團隊提供關鍵的種子
基金支持；短短三年，HK Tech 300計劃已拓展至內地及亞洲地
區，進一步提升港城大創新品牌的影響力。2024年，在港城大30
周年誌慶之際，我們又成立了港城大創新學院，希望能繼續推動初
創企業和創新科技融入社區，為社會帶來實質的改變和福祉。

香港城市大學出版社特意策劃了這套「城創系列」叢書，不論是專訪本地成功的創科企業「話事人」，還是 HK Tech 300 培育的初創企業，其中無不折射出一個共同的主題——年輕人的創新力量。他們憑藉過人創新的思考、堅毅的精神，正在一步步實現屬於自己的新天地，為香港的創科生態和經濟發展注入了新動力，給予對創新創業感興趣的年輕一代以啟發。

愛因斯坦曾說：「想像力比知識更重要。」在這個充滿無限可能的時代，我們較任何時候都有更廣闊的想像空間。創新創業，不只是事業機遇，更是開拓未知新世界的契機。在這個瞬息萬變的時代，我們更需要具創新創意的年輕人，為香港注入全新活力，成為改變世界的其中力量！

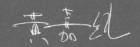

總序

楊夢甦教授
香港城市大學高級副校長（創新及企業）
楊建文生物醫學講座教授

創新和創業對於社會的發展至關重要，不僅能創造經濟價值，還能推動社會進步。2021年，香港城市大學推出了大型旗艦創新創業計劃，名為HK Tech 300，以三年內創造出300間初創公司為目標。截至2024年6月，計劃已培育出超過700支初創團隊及公司，為城大學生提供多元化的教育及自我增值機會，更重要是將城大的研究成果及知識產權轉化為實際應用。今年年初，城大又成立創新學院，提供一系列創新創科課程，以培育更多科創人才及深科技初創企業。

香港擁有不少成為國際創科中心的有利條件，包括資金及資訊自由流動，大學在科研方面有良好的基礎，加上香港特區政府對初創企業的扶持力度不斷加大，各界也紛紛追求創新技術，對青年人來說，現在是一個絕佳的時機去實現創新夢想。

在這個創新的浪潮中，香港城市大學出版社策劃「城創系列」叢書，通過分享來自創業初期和成熟發展的初創企業家，以及各行各業的專業人士的寶貴經驗和智慧，激勵和指導年輕一代，鼓勵他們跨越困難，追求自己的創業之路。

創業確實並非一條容易的道路，但它是充滿挑戰和機遇的旅程。青年人應該敢於冒險，勇於嘗試，並學會從失敗中獲取寶貴的經驗教訓。不要害怕失敗，因為每一次失敗都是取得成功的一個步驟。我相信每一位年輕的創業者都有無限的潛力和能力，只要保持積極的心態、持之以恆地向目標進發，總能獲得豐碩的成果。

總
序

余皓媛 MH
香港城市大學顧問委員會成員
青年發展委員會委員
兒童事務委員會委員

我與香港城市大學的緣分，從「達之路」開始，2020年，香港城市大學出版社與我一同合作出版有關我爺爺故事的專著《余達之路》。自此，我與城大出版社開展了各式各樣的合作，去年我有幸參與策劃「城傳系列」叢書，邀請了與城大頗有淵源的社會賢達，分享他們的人生故事，冀能啟發年青一代勇敢追夢。

青年是社會未來的主人翁，近年我有幸加入香港特別行政區政府不同的委員會，包括青年發展委員會、扶貧委員會、關愛基金、兒童事務委員會等。在不同場合與香港青少年朋友交流時，了解到他們雖然對自己的未來有許多想法，甚至也有創業的念頭，但在實踐時偶爾會感到迷茫無助，無從下手。

我深信，創新精神在不同時代都具有重要價值，而創新與科技更是社會發展的原動力。如今，我們生活在一個全球政經環境不斷變化、產業結構日新月異的時代，年輕人所能選擇的發展路向也十分多樣。在與香港城市大學出版社討論時，我們十分欣賞社會上許多初創企業的斐然成就和卓越表現，相信他們的故事，對於青年人創新創業具有重要的指導作用和借鑒價值。另一方面，香港有成熟健

全的初創生態圈，圈內各持份者一環緊扣一環，陪伴初創企業一同成長，可見年輕的創業人不是單打獨鬥的，只要對圈內各界有充分認識與聯繫，便能提高創業成功的機會。

有見及此，香港城市大學出版社特意策劃了這套「城創系列」叢書，包括《初創生態101》、《6+創新態度》及《300+ 城大創新社群》。《初創生態101》是一本初創企業的入門必讀書，此書訪問了初創生態圈中不同界別的專家，以其專業的知識和分享，為有志投身初創的人士解答方方面面的問題及提供貼士，協助他們踏出創業的第一步。《6+創新態度》專訪了多位十分成功、甚至是在全球有亮眼成績的初創企業，記述他們的創業經歷和心得。《300+城大創新社群》訪問了香港城市大學HK Tech 300 計劃中的初創企業及策略夥伴，從中可見產、學、研的重要性。

香港城市大學自成立以來急速發展，成為全球知名的學府之一，以其創新思維和卓越教育聞名。「城創系列」正正集創新與教育思維於一體，我期望此系列叢書能讓年輕人跨出舒適區，把握創業的機遇，實現抱負。相信香港蓬勃發展的創科和初創產業，將會為國家整體經濟的可持續增長作出貢獻。非常感激社會各界對「城創系列」叢書的大力支持，讓這套叢書能順利問世。香港城市大學擁有豐富的人才和卓越的學術團隊，能參與這個項目，我深感榮幸。

陳家揚
香港城市大學出版社社長

啟發及培育年青一代是教育的使命。香港城市大學出版社於2023年先後推出兩套叢書，包括以展現城大學者故事為主題的「城僑系列」(CityU Legacy Series)，邀請了城大中文及歷史學系的國際級傑出學者張隆溪教授，分享其傳奇的學術人生；其後推出「城傳系列」(CityU Mastermind Series)，專訪兩位與城大甚有淵源的社會賢達——香港科技園公司董事局主席查毅超博士，以及香港中華廠商聯合會會長史立德博士，記錄他們鍥而不捨、奮發向上的人生經歷，藉此勉勵年輕一代創出一片新天地。叢書出版後引起了社會各界的關注，並獲教育及文化界人士一致好評。

2024年初，我和本社作者余皓媛女士討論如何深化推動人才培育與傳承。余女士自2019年開始是城大顧問委員會成員，同時出任特區政府青年發展委員會委員，一向深切關注香港下一代的發展；大家也不約而同想到「年輕人科創追夢」這熱議題，而城大自2021年起舉辦創新創業計劃HK Tech 300，至今年年初更成立「城大創新學院」，都體現了城大同仁同心協力，為年輕一代提供初創資源和推動香港初創生態發展的目標。然而，不少年輕一代懷抱初創夢，但未必

知道如何將初創理想「落地」。此乃「城創系列」(CityU TechVentures Series) 叢書之出版緣起。

叢書初擬出版新書三本，包括：

《300+城大創新社群》——訪問了城大 HK Tech 300 計劃中的八間初創企業，以及六個合作夥伴，探討產、學、研之間多元有機之互動；

《6+創新態度》——專訪了六位資深初創企業創辦人。他們的創業經歷並非順風順水，但卻依靠獨到的眼光和不怕失敗的毅力脫穎而出；

《初創生態101》——以問答形式呈現，邀請不同界別的專業人士，解答初創企業在開辦之初可能遇見的問題。

成書過程中走訪了不少與初創有關的業界精英，言談中他們常常提到一個共通點，就是為了取得成功，要有「敢想敢闖」的態度；或許受其感染，激勵了我們一直勇往直前，儘管成書時間短、採訪用時長、叢書規模大，但團隊憑着熱忱和決心，最終亦能成功把這些精彩故事，呈現在讀者面前，對此我至感欣慰。

叢書得以順利付梓出版，我由衷感謝城大校董會主席黃嘉純先生，以及城大高級副校長（創新及企業）楊夢甦教授的全力支持；余皓媛女士在百忙中協助聯繫各界精英並參與面談，對此深表謝意。還要感謝城大校董會秘書唐寧教授、城大傳播及媒體講座教授黃懿慧、城大創新學院院長、電機工程學系講座教授謝志剛的支持和鼓勵。最後，更要感謝城大高級副校長室（創新及企業）一眾同事的協力促成，以及各位參與此出版計劃的專家學者及工作人員，在此再致以衷心的謝意。

這套叢書以圍繞「connect」一詞來設計，代表了出版社、初創企業，與年輕一代讀者之緊密連繫；書名中的「+」，則代表着我們對「城創系列」叢書繼續壯大的殷切期許。期待未來能夠邀請更多的初創企業家和相關人士，記錄創新創業之路上的跌宕起伏，為青年和社會帶來更多的啟發和思考。

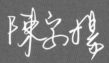

序言

梁君彥

序一

多年來，香港人都力求創新、靈活多變，並能夠迅速解決問題，而這正是香港發展的優勢所在。當今世界正處於科技爆炸和數字化轉型的浪潮中，年輕人也具備許多機會來實現理想和抱負。我鼓勵香港的年輕人以開放的心態，敢於冒險，不斷學習和進步，尋找破解問題的創新方案。

所以，我對於「城創系列」叢書的出版感到非常振奮。這一系列書籍旨在鼓勵年青人積極創業，並為他們提供實用的指導和啟發。叢書不僅有創科生態圈中各界專業人士的答疑解惑，更邀請到了一些香港知名的初創企業家，分享他們的創科故事和心得。相信這些內容都將為讀者提供寶貴的學習資源。

作為香港工業界代表之一，我深深明白創業與守業的艱辛和挑戰。同時，我也深信只要我們保持謙虛的態度，持續學習和成長，並敢於追求夢想，就能夠在這個充滿無限可能性的時代中取得成功。閱讀「城創系列」叢書，我希望每一位讀者都能夠獲得啟發和動力，並從中學到寶貴的教訓和經驗。

讓我們攜手努力，為香港的創新創業環境注入新的活力，共同開創更加繁榮的未來。

梁君彥 大紫荊勳賢 GBS JP
香港特別行政區政府 立法會主席

序言

序二

教育乃國之大計，是提高科技水平、涵養人才資源、激發創新活力的根本。為支持香港發展成為國際創新科技中心，對接國家「十四五」規劃，配合國家實施「科教興國」戰略，教育局積極推動創科教育，培育更多未來創科人才。

要實現高水平科技自立自強，必須從基礎教育做起。我們在中小學大力推動STEAM教育，通過結合課堂內外，激發學生對科學科技的興趣，培養科學精神和創新思維，為未來的創科學習做好準備。高等教育方面，我們鼓勵學生就讀 STEAM 學科及與「十四五」規劃下「八大中心」相關的學士學位課程。培養具備不同範疇知識的專才，以鞏固及提升香港的優勢，服務國家所需。

城大出版社的「城創系列」叢書，旨在鼓勵年青人積極開創自己的事業，配合政府一直以來致力推動創科教育的方向。「城創系列」匯集各界專業人士對初創發展的獨到意見和實用建議，並收錄了不同初創企業的創業故事，具有很高的參考價值。通過閱讀此書，相信能讓有志投身初創的年青人，更了解初創生態的運作和成功的關鍵要素，對未來的創業前路有所啟發。

盼望與大家攜手同心，培育下一代成為創新思想家和領袖，共同塑造一個充滿創造力和機遇的未來。

蔡若蓮博士 JP
香港特別行政區政府 教育局局長

序言

查毅超

序三

我們正經歷香港創新科技的黃金時代,國家及香港政府的支持是史無前例的強大!近年來,我有幸參與多項公職,回饋社會,包括全國政協委員、特首顧問團成員,亦獲邀加入不同與科技相關的機構及部門,包括香港科技園公司、創新科技署InnoHK創新平台督導委員會、香港工業總會、香港中華廠商聯合會、香港應用科技研究院、物流及供應鏈多元技術研發中心等,見證香港以至世界各地的科創發展,深深明白這是世界大趨勢,值得我們深耕細作。

香港具有卓越的金融體系、優質的教育資源、國際化的商業環境等,要發揮「一國兩制」下「背靠祖國、聯通世界」這得天獨厚的顯著優勢,大力發展創科及培育新興產業,穩步實現香港成為國際創科中心的願景。根據《2024年全球初創生態系統報告》,香港在新興初創生態系統排名亞洲第一。

基於這些優勢,只要將本地研發、創新製造及融資三方面緊密結合,便可形成一個持續發展的創科生態圈,成為香港多元經濟發展的強心針。然而,對許多有志創業的人士而言,成立初創企業並非一蹴而就,途中也必將面臨許多挑戰,唯有不斷嘗試和考驗,才能獲得最後的成功。

正因如此,我推薦「城創系列」這套富有啟發性的叢書,書中記述了一些初創企業家的創業故事和各界專業人士對於初創的建議,為對創業感興趣的年青人提供了具參考價值的資訊。只要有新意念,無論是初出茅廬的創業者,還是已經踏上創新之路的企業家,這套叢書都將成為他們的良師益友。

查毅超 SBS JP
香港科技園公司董事局主席
福田集團控股有限公司董事總經理

序言

序四

城市的脈動與創新的力量往往相互交織，共同鋪就了現代社會的發展之路。身為香港工業界的一份子，我深感榮幸能為這個城市的創新科技發展盡一己之力。如今世界形勢風雲變幻，我們必須以謙虛的態度面對世界的變遷，並以專業的知識與技能迎接未來的挑戰。

香港城市大學出版社這套「城創系列」叢書，正好為年輕人打開一扇通往初創世界的大門，通過初創企業家的真實故事，以及初創生態圈各持份者的分享與實用建議，相信可讓有志於創業的年青人有所啟發，踏出創業第一步，開創自己的事業。

我一直相信，年輕人是我們未來的希望和動力。他們擁有無限的創造力和潛能，只要給予適當的引導和資源，他們將能夠引領我們走向更加繁榮和可持續的未來。因此，我衷心冀望年輕人能藉此書獲得有用的知識和資訊，伴隨他們走創新創業之路，為香港的初創生態圈發展作出更多貢獻。

鍾志平博士 GBS JP
創科實業有限公司聯合創辦人
香港工業總會名譽會長

初創生態圈反思

謝智剛教授
香港城市大學創新學院院長

讓高等教育與初創生態圈有機互動

到底創新及創業能否通過後天培養？香港城市大學創新學院院長謝智剛教授的答案是肯定的，他認為創新的能力並非與生俱來的，而是可以透過後天教育和訓練來獲得的，所以城大於2024年1月決定開辦創新學院，提供一系列創新創業學術課程，培養年輕科研人員成為創業家。如何能夠「上堂學創業」，謝教授說一切可從失敗中學習，吸取教訓及積累經驗。

創新創業由學習體會失敗和吸取經驗開始

時間回到三年前疫情期間，城大推出了HK Tech 300計劃，初心是通過這計劃製做更多機會，讓城大的科研成果發揚光大，為社會帶來正面影響；同時協助城大的學生、校友、研究人員，以至香港的年輕人通過此計劃尋找新機遇和方向。謝教授表示，計劃推行下來，慢慢帶出了一些反思，「大學過去的教育方針大多是職業導向的，醫科、法律、商科等都是如此，這個方向沒有錯，但卻未必是唯一方向。翻查政府統計數字，本地初創企業的數量由2015年至今升逾1.5倍，當中約60%創辦人是年齡介乎於20至39歲的年輕人，令我們感覺到，這或許是整個高等教育的未來發展方向。

另一個反思是，本地大學的科研能力很強大，近年在世界大學排名也很高，但真正能將研究結果惠及社會的例子卻不多，是否多人引用學術成果就已足夠？還是能夠透過創新創業，幫助大學推動更多對社會有影響力的研究？然而過往卻缺乏培育創業人才的教育與配套，於是我們便有了成立創新學院的想法，希望藉着課程，孵化更多創業人才，並且為他們提供支援。

第三個反思是，過去十多年，全球化的技術供應鏈已經轉變成複雜的互動網絡，釋放了大量的機遇給中小型的初創公司；同時市場的多樣化也增強了年輕人對創新創業的動力。想起來，HK Tech 300計劃的推出可算是順應時代潮流之舉！」

作為香港唯一的創新學院，城大將於2024年9月推出創新創業理學碩士（Master of Science in Venture Creation），旨在提供建立成功初創企業所需的知識與技巧。不過謝教授也坦言，創科的基本因素與成功因素並不能劃上等號，「很多做創科的人都會跟你說三大基本支柱：資金、核心技術，以及人際網絡與生態圈，但擁有這些元素卻不代表一定會成功。成功並沒有一條方程式，它可以由很多因素交織在一起，是天時地利也好，是人脈關係也好，可說是千變萬化，甚至在甲身上成功的方程式，套用在乙身上反而會失敗。在學術的角度來看，既然沒法擬好成功的方程式，那倒不如用排除法，將失敗的原因羅列出來，給學生們借鑑，讓他們在創業路上盡力避開這些因素。」

創業是艱苦的旅程，失敗例子比比皆是，謝教授隨意便可列出十多項失敗因素，「最常見的是他們的構思很厲害，可是市場上卻沒有這方面的需求，最終失敗收場。另一種是現金流管理得不夠好，他們不是欠缺資金，而是拿着資金時卻不懂得怎樣運用，尤其是首兩年管理不善，往往會演變至現金流不足的困境。當然團隊也是重要因素，這裏說的不是團隊內訌吵架，老實說，這類情況並不多，反而是團隊中缺乏一個關鍵人物，例如要製作機械人，但團隊中卻沒有人懂得寫程式，空有商業計劃卻實行不了，最後注定失敗。也有些情況是初創的技術不夠紮實，技術門檻不高，給對手一下子趕過來，甚至有更聰明的方法來取代你，這也屢見不鮮。」

顛覆性思維

其他不利創業的因素還包括成本控制不好、價格不夠競爭力、產品質素欠佳、缺乏顧客服務、商業模式不切實際……隨便也可以數一大堆，這正正是從事創科的難處。「我們希望透過課程來培養學生的創新思維，令他們在心態上有所轉變，甚至出現概念上的轉變（paradigm shift），從新思考並馬上實行作為「老闆」的應有態度，這是整個課程的訓練重點。舉例說，2023年10月，我們開辦了研究生創新創業啟航課程（Graduate Research and Innovation Trek Programme, GRIT），邀請了四位海外導師來教授，我亦參與了他們的課堂，導師非常努力，希望改變學生思維；有學生計劃跟醫療界合作，導師會追問他『你將會找誰合作？有什麼具體的方法？什麼時候會做？邀請信打算怎樣寫？』──創業是要認真地付諸實行，而且嘗試之餘要有彈性，遇到瓶頸時如何靈活變通，懂得判斷哪些需要堅持、哪些需要放棄，不會遇上失敗就立即放棄，這正是我們課程的主要目標，在傳授創業的知識與技巧之餘，幫助學生調整心態，正面地迎接挑戰。」

資源投放

近年特區政府在創科方面投放大量資源及支援，謝教授坦言感到雀躍和欣慰。「上屆政府推出InnoHK計劃，今屆政府也在2023年推出產學研1+（RAISe+）計劃，我覺得政策的本意是好的。創科的成功因素太複雜，例如今天OpenAI是改變世界的成功初創，但如果它在十年前出現，當時沒有足夠支援AI運算的電腦算力，也未有社交媒體去提供足夠數據去建立模型，可能不會像今天那般成功。回看美國的經

驗，超過九成的初創都是失敗告終，現時特區政府每年把不少資源投放到少數被評為極具潛力的初創企業，這當然會容易讓人把焦點集中於數量與失敗率的關係，倘若政府在撥款的過程中能針對創科成功率較低的情況，把資源投放在1,000間，甚至數量更多具發展潛力的公司，相信成功率會更高。」

機會處處

對於想投身創科創業的年輕人，謝教授鼓勵他們努力追夢，「香港在創科方面其實具有很強的優勢，比較東南亞及中亞地區，香港的年輕人對知識產權概念相對成熟，有助他們拓展歐美市場。當然本地大學優良的科研能力，亦是初創的強大後盾，以城大為例，我們擁有逾千項專利，能夠供予初創企業轉化於市場應用，加上我們有背靠祖國的優勢，四大商會旗下會員在大灣區也設有廠房，如要進行少量生產或是打模，一般可輕易做到，這些對於初創業者而言，都是很珍貴的資源。」

初創

Q&A

概念／態度

Starting Startups

001

初創企業（Startups）是什麼？

周駱美琪
阿里巴巴香港創業者基金執行董事兼行政總裁

初創企業的出現主要為了要解決一些問題，常見的是一些個人或消費者每天面對的問題，譬如購物、物流等。

只要找到問題的癥結，便比較容易找到新的觀點，從而創出一門生意，一些服務型的初創企業如 fintech、enterprise solutions，就是這方面的例子。近年有關人工智能 (AI) 或生物科技 (biotech) 也是初創企業的新趨勢。

002

你是否擁有成功初創企業家
的條件和特質？

李民橋
東亞銀行聯席行政總裁

企業家要具備好奇心、口才、銷售策略，擁有前瞻性思
維、刻苦耐勞的精神、到位的溝通技巧。另外，團隊也要
各擅勝場，才能各司其職。

黃克強
香港科技園公司行政總裁

你要找到一件沒有其他人相信、但你卻堅信不移的事情。同時初創業者也要聆聽別人的意見，才可以去創業。Passion 跟 commitment 很重要，固執也是，但也要謙遜（humility），要聆聽別人的聲音，須緊記我們在創新（innovation），並非在發明（invention）；也不是做科研，進行 scientific discovery，或只顧埋首於實驗室，待有新發明才告訴別人。創新是合作，是聆聽，不要自己藏起來，應盡量找他人指導 (mentorship)。即使是蘋果創辦人 Steve Jobs，憑着具前瞻性的視野開發智能手機，但仍需要一個團隊合作方可成功。

003

為何不找工作去創業？

謝智剛
香港城市大學創新學院院長

創業雖然困難，但可帶來不俗的回報，先不談創業成功所帶來的經濟回饋，單論創業，創業者一定有「收益」，包括最重要的「自我增值」，因為創業無論成功還是失敗，都會經歷過獨立營運商業模式的過程，這些經歷不可多得，同時也考驗着創業者的勇氣、創意、抗逆力、溝通手段、領導才能等重要能力，這些能力對於就職企業及管理公司都十分重要。

近年來，不少僱主都認為，應徵者如有創業經歷是難得的優勢，因創業者實現了自我增值，可以提升自己的工作能力，令思維更全面。

004

我的研究或創意有市場嗎？

謝智剛
香港城市大學創新學院院長

首先要避免對前景抱有過大期望，如果市場調研不足或市場接觸面狹窄，初創業者往往會過分依賴於自己對市場需求的觀察及個人的體會，以致誤判業務前景。

舉一個例子，如自己有養寵物，大都是寵物店的常客，當發現很多寵物產品難以在市場上購買，便認定寵物市場有龐大的市場，但卻忽略了這可能是一個小眾的市場。

如要避免誤判業務前景，初創業者必須盡早開展市場調研，並向有創業經驗的人諮詢，妥善完成上述評估工作後，則可以向銀行或者初創企業支援機構提交詳細的計劃書，以申請資金借貸。這些機構會提出問題，確保初創業者對市場及前景有充分的認知。初創業者若無法令投資者信服，即代表其創業計劃仍未周詳。通過這些方式，初創業者可以了解自身計劃的缺陷，而專業機構敏銳的市場觸覺，也可用來測試自己的研究及創意是否可以商業化。

005

我要「周身刀」？

唐啟波
戈壁大灣區管理合夥人

一個好的初創業者要懂得激勵及啟發別人，不僅是對自己的員工，也要令投資者對項目和團隊感興趣，才可以獲得融資。但全面的人並不普遍，溝通能力高不一定能專注營運細節，所以重點是團隊中配上一些合適的人，達到一個平衡互補的組合。

初創業者的視野至為關鍵，所以我鼓勵本地初創業者出去走走，了解其他地方創業者的思路，因為大家的思維是不一樣的，把他們的優點結合在一起，日後把握機會再擴展。

謝智剛
香港城市大學創新學院院長

創業的關鍵在於找到自己擅長的領域,然後發揮優勢,並通過團隊合作彌補個人的不足。

創業是一個團隊努力的成果,而非靠個人單打獨鬥。因此,除了具備基本的業務知識和領導能力,初創業者更應努力吸引和留住人才,建立一個多元化的團隊,確保團隊成員在各自的專業領域中發揮最大的潛力。這樣的團隊合作不僅可以提升整體的競爭力,也會大大增加創業成功的可能性。

006

留在香港創業？

鄭彥斌
C 資本總裁兼首席執行官

如果創業只集中在一個市場，這是很危險的，因為我們永遠不知道將來有沒有各種的政治風險。內地的初創業者都喜歡這樣說：「我不只是要得到中國市場，還要得到全世界的市場！」

以此推演，香港的定位就顯得特別重要，C 資本和內地的基金不一樣，我們會專門去選這種有國際視野的初創業者，幫助他們走向國際化。同時也會協助國外公司進入內地市場。

香港有點像美國的曼哈頓 (Manhattan)，聚集了全世界不同種族的精英，香港亦然，大灣區融合的概念也是這樣，香港要成為一個樞紐，在整個區域發揮優勢。香港初創業者有優勢，都具國際視野，語言能力較佳，而在資源、文化上都不錯，比較明白海外的市場。當然，如香港人要進入內地市場，與內地的初創業者競爭，便需要更廣泛了解內地的發展情況，要更「接地氣」。

黃克強
香港科技園公司行政總裁

正如國家主席習近平提到，香港必須要找到自己的定位。香港的定位在於基礎科研很強，根據 2023 年 9 月由英國《泰晤士高等教育》公佈的「2024 年世界大學排名」，香港有五間大學在全球 100 名之內。這是國家需要的東西，也是一個金融和國際接軌的地方。

我們可以思考如何利用 deep tech（深科技）去推動創新科技、推動創業，並且配合香港這個國際人才中心及國際金融中心，讓這些特質成為香港獨有的東西。在全中國、甚至全世界都找不到相同的土壤，上海不能跟我們競爭，深圳尤甚，它們暫時仍缺少了一些條件。

大學的科研必須繼續走出去，香港特區政府的 InnoHK 在此將擔任更重要的角色。

韋安祖
畢馬威國際資產管理及房地產業全球主席

我來自倫敦。香港與其他地方相比,擁有不少優勢。

香港是個可以輕易連繫人的城市,營商效率很高,我在一天裏甚至可以安排五至六個會議,這在倫敦是不可能的。

香港是個充滿機會的地方,香港人不單勤奮,而且願意花時間去分享自身經驗,這對初創企業非常重要,因為初創業者都想了解創業的竅門,避開陷阱,從而做大做強。

香港同時有一個非常支持初創業者的生態圈,既有最優秀的創投基金,亦有願意孵化初創的大學、科學園及數碼港,而且很多律師、會計師、銀行家等專業人士都會幫忙,這些都是其他城市難以提供的。

007

在香港創業比不上新加坡？

黃克強
香港科技園公司行政總裁

很多人都喜歡比較新加坡和香港，其實兩地的競爭已不是新鮮事。其實有競爭、有合作也是好事，香港科技園公司會帶領業界到新加坡找生意，新加坡商界同樣會來香港找人才。大家互相競爭、互相學習。

當然，新加坡也有自己獨特的優勢 —— 新加坡國立大學 (NUS) 和南洋理工大學 (NTU) 等都是世界有名的大學，但香港有五間全球 100 名以內的大學，基礎科研的密集度也更高，儘管兩地都是國際金融中心及傳播中心，但我們勝在有內地這提供了十四億人口的龐大市場，機遇更多。

008

試一試亞洲其他國家？

金信哲
香港科技大學協理副校長（知識轉移）

新加坡採用的是由上而下的模式，最頂尖的人才都在政府工作；韓國則是一個具有生產力、驅動力和長期計劃的國家。香港的模式跟兩者都不同，是相對自下而上的活動模式。這樣對初創企業的發展有一定的好處，如果政府的支援和對初創企業的保護超過了必要的程度，可能造就出殭屍企業 (zombie companies)，它們只能靠救助經營下去，否則便會倒閉。如果初創企業不成功，創辦人應盡早放棄。擁有一種我們從失敗中吸取教訓的社會氛圍也很重要。

香港應該對自己有信心，基準化 (benchmark) 很重要，香港應制定和執行適合自己的計劃。香港不但擁有優秀的大學，而且擁有充裕的資金和進入大市場的優勢，此外，政府在研發方面的投資也顯著增加。

009

本地初創面臨什麼挑戰？

唐啟波
戈壁大灣區管理合夥人

在香港做「企業對消費者」(B2C) 的項目比較困難，因為香港市場規模有限，所以從機構投資者的角度來看，這些初創企業很難成為獨角獸。

同樣地，做「企業對企業」(B2B) 也面臨相近的問題。大家都說香港是國際金融中心，從事金融科技本應大有可為，但這類跟金融機構做 B2B 方案，需要經歷很多客製化的過程，因而需時很長，所以企業的收費較高昂，最終大多金融機構都會選擇自行發展相關方案。

因此我認為初創企業的出路是首先在香港把概念做好，然後將之擴展至東南亞、內地或是歐美市場。

鄧子平
中銀人壽執行總裁

香港初創企業的最大挑戰是成本太高，對於新公司來說，現金流非常重要，在成本這麼高的地方創業，確實不容易。

幸好特區政府推出措施解決這方面的問題，例如科學園給初創的租金會較低，也有相關政策配合，長遠來說，希望可以結合政府及商界的協作，除了減低初創的成本之外，還能為其提供配對，由企業為初創的概念提供應用場景和驗證，甚至將方案引進企業中使用。

吳家興
爽資本行政總裁

視野狹隘是本地初創企業的挑戰之一。以色列有不少初創企業都放眼美國市場,一開始便到美國創業。而香港初創業者的視野多集中於本地,或是大灣區及大中華區,這樣並不理想。

香港的生態圈還是很小,創投基金數目也不多,A、B、C 輪的投資者亦很少,如果要吸引國際投資者,初創企業只在一個國家或地區有業務並不足夠。

啟航／死亡

Make or Break

010

覷準潛力行業？

 鄧子平
中銀人壽執行總裁

「環境保護」（Environment）、「社會責任」（Social）及
「企業管治」（Governance），簡稱 ESG，是近年新興的
企業發展大趨勢，我們投資在潔淨能源的比例也不少，主
要是全球均朝着碳達峰及碳中和的目標進發，有部分國家
甚至比香港早十年已在推動這方面的發展，所以在商業價
值上，ESG 有較高發展潛力。

目前潔淨能源種類有很多，我們較多投資在氫能方面，
原因是一些大型車輛如果單靠電池的話，未必足夠驅動
車輛行駛；而且當電池用完後，其處理方法又引起人們對
環保廢料的關注，所以氫能是較環保的選擇。整體來說，
ESG 行業的回報較為可觀。

謝智剛
香港城市大學創新學院院長

具發展潛力的行業通常有以下特徵：

新興產業 —— 隨着時代變遷及科技發展，新興朝陽產業不斷應運而生，以滿足消費者的需求變化。這些產業在剛剛起步時，常常被大眾忽視，如生物科技、綠色能源。

符合市場經濟發展趨勢 —— 如物流業、城市住宅建設、電子媒體，以及老年護理行業，在現今經濟全球化和人口結構變化的背景下，都具有豐富的發展前景。

潛在需求極大 —— 隨着人們對更高物質層次和文化需求的追求，某些行業發展市場空間較大，包括從傳統行業到創新消費模式的轉變，以及新技術對消費者行為的影響。

獲政策支持 —— 政府鼓勵和支持的行業，如環保、可再生能源、高新技術產業等，通常具有強大的發展動力。政策的扶持不僅帶來市場機遇，還有助於行業快速成長。

011

如何營造有利的初創條件？

鄭彥斌
C 資本總裁兼首席執行官

一些初創業者的背景很厲害，但是產品並沒有市場。在考慮投資一家公司的某個行業，需要 1,000 億的市場作起步，如果行業太窄，年度消費額才幾百萬，誘因便不大。假設企業是研究一種罕有疾病，但全世界每年只有幾十宗醫案，這便不符合基金的投資風格。

此外，企業和現存的競爭對手有什麼差異？優勢在哪裏？有沒有嘗試創業？是否失敗過？有創業經驗的人，理論上不會再重蹈覆轍，獲資金投資的機會更大。

對於剛畢業的大學生，一般比已在職數年再創業的年輕人較難開展創業之路，畢竟學校的氛圍與商業社會運作不一樣，手上有產品或技術是個契機，但找市場更重要，投資者都會看公司整體優勢，看團隊、看經驗、再看行業，以及看資金如何替企業增值。

黃克強
香港科技園公司行政總裁

成立初創企業，要認清理想和現實的分別，曾聽過有人說自己「兩年以來都沒有支薪」，這是困難的。但有些時候，情況將你迫到盡頭，要生存就要想盡辦法，反而可能可以「谷底反彈」。

建立初創必須盡心盡責、堅定不移，即使沒有人相信你，你仍然要堅持自己的信念，同時又保持開放的態度去聽取別人的意見。

金信哲
香港科技大學協理副校長（知識轉移）

香港科技大學在培育創新企業家時，很看重「企業家精神」，甚至會將其放在課程的 DNA，這個精神是一種 can-do（積極進取）的態度，即使在資源或資訊有限的情況下，仍然能夠想辦法解決眼前的困難，因為企業家就是行動者，是解決問題的人。

靈活也是一個關鍵的特質。由於環境和可用資源的變化，大多數初創企業在開始時沒有商業計劃。因此，初創業者有必要保持業務的一致性，並願意接受必要的變化。初創業者在面對嚴峻的困難時，要有作出痛苦決定的勇氣，並根據環境變化而靈活應對。

012

如何制定可行的目標？

 謝智剛
香港城市大學創新學院院長

創業初期設定目標時，應考慮到目標的簡易度和可行性，不應好高騖遠，設立過於理想化、難以實現的目標，因為企業起步階段的關鍵在於確保能夠生存，若目標難以實施，只會浪費大量人力、財力，影響企業的生存和發展。

以下幾點是判斷目標是否容易確切可行的因素：

- 目標具體且明確，避免模糊不清；
- 目標需符合企業和初創業者的實際情況；
- 設定明確的完成時限；
- 長期目標與短期目標相結合，逐步實施；
- 目標簡明扼要，避免貪多。

013

如何設計成功的商業模式？

 謝智剛
香港城市大學創新學院院長

掌握產品的目標客戶 —— 通過了解和分析哪些群體是潛在用戶，調查他們的需求和偏好，確定目標客戶並根據其需求，針對性地開發產品或設計推廣方案。

了解商業的成本結構 —— 通過走訪市場、供應鏈工廠或外判行業人員，了解業務營運的流程、成本和開銷，從而節省成本或提高收益。

尋找合作夥伴 —— 尋找對業務有幫助的合作夥伴，如經銷商、供應商等，通過合併或技術交流等方式擴大市場份額，從而設計商業模式。

靈活應變 —— 當市場變動或客戶偏好改變時，企業也要有所調整。商業模式也不必依循大眾或主流，成功的商業模式往往在創新的同時也能滿足市場的需求，並一定程度上改變市場或行業規則。

014

如何判斷自己的商業模式能否成功？

唐啟波
戈壁大灣區管理合夥人

首先要看市場規模，例如生產奶樽可能是不錯的 B2C 生意，但卻不太可能做到過千億市場；再者要看看市場上有沒有同類型的商業模式，例如研究治療愛滋病或癌症的企業，便有較大潛力；又要看企業是以科技導向還是商業模式營運，會否很容易被抄襲，方案實踐的機會有多大，其他市場有否成功案例，等等。

以下有一些不成功的例子：2012 至 13 年左右的團購網站 Groupon 曾在美國很受歡迎，在中國模仿它的企業有幾萬間，差不多每個城市都有 Groupon。因競爭極大，如要發展業務，便要大量「燒錢」，挨家挨戶去拜訪商家，既消耗金錢，又要投放大量人力物力。由此看來，商業模式如沒有任何門檻，最終只會變成了一個泡沫。

另一個例子是 2015 至 16 年盛行的「共享單車」，企業融資了上百億元資金，但大家都只想刷流量，待平台擴展後再用增值服務賺錢，只靠錢堆砌出的業績終以失敗告終。

015

一份好的計劃書要包括什麼內容？

謝智剛
香港城市大學創新學院院長

創業計劃書是協助創業者明確規劃商業目標、戰略，以及必要的實施步驟，同時也是向投資者和貸款機構展示企業潛力的重要文件。

一份好的計劃書，內容應該簡潔清晰，不要過於繁瑣，要有系統地突出重點內容，包括企業目標、行業分析、產品或服務描述、市場定位、市場策略、財務規劃、風險評估、組織架構、管理團隊的介紹等。觀點及內容要客觀，避免過分樂觀的預期。對於中小企業而言，不必花費過多資源去編製一份複雜的計劃書。

鄧子平
中銀人壽執行總裁

投資人會關注市場潛力、核心競爭力、商業模式、財務狀況及預測。判斷管理團隊是否有實現目標的能力也非常重要。

一份好的計劃書應該邏輯清晰、內容詳實、數據支撐，體現創業團隊對市場、產品、經營、財務的深入理解，為投資人或合作夥伴提供充分的信心。

016

為何初創企業「九死一生」？

唐啟波
戈壁大灣區管理合夥人

創業可以有各種各樣的難以想像的失敗方法：創辦人夫妻離婚、創業者離世，又或是遭競爭對手發放假新聞詆毀，甚至有競爭對手找用戶來示威或霸佔企業的辦公室⋯⋯

很多事情可以預算：企業可以去預測市場有多大、商業模式有多好，但如果問題超出投資邏輯，最終的成敗還取決於「人」。初創業者面對新的問題時，往往是考驗他如何解決、是否有適應力及靈活度、是否懂得按步就班去應付挑戰。

韋安祖
畢馬威國際資產管理及房地產業全球主席

在 COVID-19 來臨之前，大部分人均認為風險是沉悶的學術理論，但疫情發生之後，大家終於也明白後備方案是多麼的重要，每間初創也很理解身處的行業會出現什麼風險，但最困難的是外在因素。

大家只要留意新聞，大概會知道未來幾個月將會發生的事情，舉個簡單例子，香港人應該明白到將會面對的地緣政治風險，雖然當中存在不確定性，但肯定知道對做生意會產生影響。

問題是，有幾多少間初創企業思考這方面的風險？做好「壓力測試」——就是想像公司在不同場景及情況之下，要如何作出調節，萬一不幸的事情真的發生了，要如何從災難上復原，這些都是初創需要考慮的。

017

如何面對失敗？

 金信哲
香港科技大學協理副校長（知識轉移）

科技創業公司之所以重要，是因為即使他們失敗了，也會突破技術的界限和有所進步。這種進步也是未來發展其他公司時非常重要的基礎。對於創始人來說，失敗的經歷提供了珍貴的教訓和經驗。這種方式培養了許多經驗豐富的創始人，他們能夠創造一個成熟的創業環境。成功的公司往往建立在許多失敗的經驗之上。我從公司早期的業務失敗中學到了非常重要的一課，既在技術方面有得着，而且在管理和投資方面也有領受。

我經常鼓勵創始人說：「從失敗中吸取教訓，如果你成功了，感謝提醒過你的人。」

孵化／試験

Into an Incubator

018

如何申請政府及其他創業資助？

 AI

公營機構可以提供的資助包括：

政府創業資助計劃	最高資助總額（港元）	適合項目
數碼港創意微型基金（CCMF）	10 萬	提供種子基金，建立產品雛型，印證市場需要
數碼港培育計劃（CIP）	50 萬	提供全方位創業支援，加快企業的業務增長
科技券（TVP）	60 萬	數碼轉型
創科培育計劃（HKSTP INCUBATION）	129 萬	支持企業的業務拓展，提供業務援助，包括特定用途資金、租金津貼、招聘津貼與補助費用等。
發展品牌、升級轉型及拓展內銷市場的專項基金（BUD 專項基金）	700 萬	協助企業發展品牌、轉型升級以及拓展內銷市場，深化內地市場的業務

其他資助見「初創資源庫」（頁 209）。

019

香港的孵化器成績如何？

周駱美琪
阿里巴巴香港創業者基金執行董事兼行政總裁

阿里巴巴創業者基金於 2018 年成立的 HKAI Lab 是香港重要的孵化器之一，至今已孵化了超過 100 間初創企業，其中阿里巴巴香港創業者基金 (AEF) 投資了 21 間。

這些早期的初創企業，畢業之後可以做到融資。在過去 100 間公司裏，有 12 間 (即 12%) 拿到一至兩輪融資，這是非常高的一個 hit rate。

其他地區的加速器（acceleration program），hit rate 並沒那麼高。

黃克強
香港科技園公司行政總裁

香港科技園公司的孵化器比較重視深度技術（deep tech），重視研發。我們和不少大學有很多合作孵化計劃。另一方面，又有與上海醫藥合作參與一個相當大規模的共同孵化計劃，目的就是讓上海醫藥來香港找到最好的基礎科研企業，然後孵化它，再在上海做臨床試驗。我們也跟阿里巴巴、商湯科技合作 AI 實驗室，目的是吸引全世界最好的孵化器，以我們的深度技術優勢吸引更多合作夥伴。

香港科技園創投基金主要提供初期 seed to A 輪的投資，目標不是投資，而是幫助園區公司找投資者及配對投資，而不會獨自投資。有些案例也有投到大概 B 輪，但主要希望幫助愈多公司就愈好。

科技園公司也致力發展合作夥伴關係。初創企業最需要的
不是資金，而是找到訂單和生意。因此，三四年前開始，
科技園公司就有一個團隊幫助園區公司找生意，他們唯一
的 KPI 是每年要幫助園區的公司找到若干億的生意額，
其中一個例子就是最近跟滙豐銀行簽訂的協議，邀請他們
指導園區的初創企業，推動金融科技；園區公司進入滙豐
銀行的系統後，便可尋找生意機遇。

金信哲

香港科技大學協理副校長（知識轉移）

香港科技大學為不同規模、不同階段的初創提供多個孵化計劃，包括於 2014 年成立的 The BASE，是科大首個以孵化初創企業為基礎的設施，亦舉辦了第一個駭客松 hackUST；兩年後科大又成立了 Blue Bay Incubator（藍海灣孵化港），為初創提供種子階段的創業資金；其餘的選擇還有 Deep Tech Incubation Program、Dream Builder Incubation Program 及 HKUST X HKSTP Co-ideation Program，只要初創企業個人或團隊中有科大學生、或由科大學生或畢業生成立及參與，就可獲得這些計劃提供的各類型支援及資助。

近年還成立了 Founders' Club，它聚集了一班創辦人或 CEO，具有社群（community）的力量，他們可以幫助彼此解決問題，畢竟不是人人都會聽學校的意見，例如最近科大以 1 億港元的創業基金支援早期創業，並設立 5 億港元的紅鳥創新基金，創建 20 億港元的創業投資基金。

020

初創企業應如何負擔 高昂的辦公室租金？

謝智剛
香港城市大學創新學院院長

初創業者可以選擇向商務中心租用「服務式辦公室」或 「虛擬辦公室」。

「服務式辦公室」規模有大有小，且租期靈活，可按照需 求所定，提供影印、傳真、上網、會議室等配套設施。

「虛擬辦公室」主要向客戶提供聯絡辦事處、郵遞地 址、代收信件及電話接聽等服務，方便初創者在家或其 他地方開展業務，一般的會計師行及秘書公司均有提供 虛擬辦公室服務。初創者也可以在 startmeup.hk 網頁 （www.startmeup.hk/zh-hant/startup-resources/shared- facilities/）中尋找適合的共享工作室。

021

如何平衡自己的堅持與顧問的執着？

黃克強
香港科技園公司行政總裁

設立公司其實有很多事情要處理的，包括一些非常基本的事項，例如開公司和開設銀行賬戶，有時候無法想像，許多大學生或科學家完全不懂得如何經營生意。

科技園公司有資源教導及幫助公司處理基本的事項，或者如何設立里程碑（milestones），讓他們知道如何達成產品開發等。科技園公司最重要的資源是有一支優質及熱誠的導師團隊，他們由一群已退休、或者非常樂意幫助別人的大學教授、商業人士，甚至是 CFO 等組成，會在初創企業發展生意的過程中提供協助，還會按自己的能力及經驗提供指導。不管他們投資與否，或只是提供意見，導師們是我們最大的資源，這不只是自身擁有的關係網，而是我們能夠配對到一批優秀的導師與初創企業，讓他們教導初創企業，並且一起並肩作戰。

有時候，初創業者不聆聽顧問的意見，我們也不能勉強，除非公司做不到科技園公司的孵化計劃中要求的里程碑。這些里程碑不是我們強加給他們的，而是他們由自己設定的。公司成立三年內，他們需要定時報告進度。如果錯過或要改變里程碑，便要解釋原因。

倘若他們躺平不做事情，將被要求離開科技園。當然，公司始終屬於初創業者，他們須為公司負責。

022

如何與配對企業合作？

 鄧子平
中銀人壽執行總裁

香港作為國際金融中心，擁有國際企業駐港發展的優勢，但這些大型企業，包括銀行及保險公司在內，在企業管治和各方面的要求均非常嚴格，要在公司內推動系統創新，涉及錯綜複雜的流程，再加上請人和內部測試（testing case）的環節，動輒要花上三、五年時間才能完成。

反觀初創企業如果已經有現成方案，通過概念驗證（proof of concept）或透過加速器等不同平台，配對企業給他們的應用場景去驗證，由企業給予意見，經改良及微調後便可以即時採用，省卻了企業不少的研發時間。我覺得這方面的配對是挺好的，值得推廣。

融資／合作

Collaborative
Investment

023

如何籌集資金？

謝智剛
香港城市大學創新學院院長

如想籌集資金，可以先與業內人士、合作機構及忠實客戶
多接觸，因這些群體擁有龐大的業內人際關係網絡，與他
們交流有助於結識業內的投資人。

另外，公司在達到收支平衡後，可多參加金融機構及政府
舉辦的投資展會，這也有助於認識初創投資人，同時也可
以申請大型企業專為初創企業開設的資助計劃。

找到投資者後，初創業者應擬定一份業務計劃書，詳列對
於市場的觀察、公司的前景及未來預計收益的報告，向投
資者清晰傳達投資公司的收益、業務前景、控制成本比
例、團隊能力。還有一樣很重要的事，就是要表現出你的
熱情、信念、堅持等，藉以吸引投資者。

024

怎樣選擇投資者？

楊珮珊
Race Capital 合夥人

一個好的初創推銷 (startups pitching) 是雙向的意見交流，所以初創業者也可以利用這個機會去深入了解投資者，例如是否曾經投資相關產業，這會反映出他們對行業的了解程度與興趣。

了解投資者的投資額度範圍及傾向至關重要，即「領投」或「跟投」，因為這將影響企業資金流向和合作模式。

此外，也可以了解他們過往協助旗下公司的經驗，包括每年的投資頻率，以及目前已投資的公司數量，透過這些問題，初創業者能夠更好地評估投資者與創業項目的契合度。

025

提交計劃書時需要注意什麼？

鄭彥斌
C 資本總裁兼首席執行官

初創企業整個團隊要有市場觸覺，要很清楚整個市場的規模，並且有具體的計劃。

例如：不能隨便說「我期望今年做 100 萬生意，明年 500 萬⋯⋯」必須明確計算出來。也不能隨便說「明年打算多開幾家店⋯⋯」如果開店後沒生意怎麼辦？

投資者喜歡初創企業有具體的計劃，如「我和 7-11 正談合作，已經達到什麼階段。業務會佔日本 7-11 的 5% 市場」、「7-11 會投放多少資金安裝我的機器」。這些聽起來實在多了。

搞科技的初創企業研發工作做得好，但沒做市場研究，投資者也不會安心。

AI

計劃書框架

1. 業務簡介 —— 介紹創業的原因和目標及產品理念。

2. 市場分析 —— 針對哪些市場,潛在客戶有哪些?判斷市場規模、產品競爭力及前景發展。切記所有的分析及預測都需要依據作為支撐。

3. 商業模式 —— 解釋商業模式,包括如何獲取盈利、銷售渠道、客戶來源等。

4. 財務計劃 —— 列出收入及成本、投資的需求(業務需要多少資金)及盈利預期(回本的時間,以及對該估算的依據)等。

5. 風險管理 —— 列出創業項目可能會遇到的風險,如貿易限制、滯銷及市場變動等,並提出相應的風險管控策略。

6. 容易理解 —— 避免囉嗦,最好附上圖表說明,重要數值,如投資需求最好列明計算步驟。

026

和投資者會面時要注意什麼？

黃克強
香港科技園公司行政總裁

分享一個有趣的比賽，就是由科技園公司舉辦的 EPiC，即 Elevator Pitch Competition，參加者必須在 60 秒的電梯募投之旅向投資人簡介計劃書。

對初創業者而言，這是個很好的訓練。不少初創科學家，花了三分鐘也未談到 pitching 的內容核心，單是花在自我簡介就浪費了 30 秒寶貴時間。

在 EPiC 比賽中，不同參賽者都有不同的出奇制勝的地方，有人穿搭誇張，有人帶特製的道具，有人裝束奇特，其實目的都只有一個 —— 要讓評審、讓投資者記起你；當然，最重要的仍然是表達能力，要講得清晰，能說明特定的目的，要有內容。他們要訓練自己在短短 60 秒內完整表達內容。

投標簡報（Pitching）應涵蓋哪些內容？

楊珮珊
Race Capital 合夥人

首次與投資者會面時，初創者通常難以立刻獲得青睞，但仍然需要重視此次機會，給投資者留下深刻的印象，才會有未來的合作機會。

初創者可以詳細介紹自己的創業計劃，包括產品的運作方式、商業模式及其解決市場需求的策略。此外，還需要表現出對市場的深入了解，可以從談論目標客戶群體、現有市場規模等入手。同時，還應該特別介紹團隊成員及其優勢，說明團隊如何能在競爭中脫穎而出，這些都能大大提升投資者的投資信心和興趣。

028

投標簡報有哪些禁忌？

楊珮珊
Race Capital 合夥人

避免過度分享個人的生活故事和經歷，投資者的時間寶貴，他們更關注的是創業產品和商業計劃。因此，應該要抓緊時間，專注於介紹創業產品的創新點和市場潛力。

在討論過程中，如果投資者對產品提出質疑或疑問，初創業者應保持風範，用謙和、認真的態度考慮投資者的建議，避免因爭執而影響雙方的關係。這種態度不僅展現了初創者的開放性和成熟度，也會為其項目贏得進一步的信任和投資，就算未能獲得投資也好，也要保持關係，才能在業界建立良好的口碑。

投標簡報後還需要跟進什麼？

楊珮珊
Race Capital 合夥人

完成 pitching 後，初創者應迅速採取行動，加強與投資者的聯繫，尤其是在首次 pitching 後，建議在 12 小時內發送致謝電郵，對投資者的時間及關注表示感謝。電郵中可以附上商業計劃書和產品演示視頻，提供更全面的業務介紹。同時，簡要介紹公司的核心理念與團隊的專業背景，並概述目前的發展進展和市場表現。最後，明確提出合作需求，如資金支持、技術合作，或邀請投資者再次對話，探討未來的合作機會，建立良好的長期合作關係。

至於第二次的 pitching，初創者也應在 12 小時內再次發送電郵，除了表達感謝外，還應提供公司 data room（虛擬資料室）的網址，當中應詳細列出公司的股權結構表、客戶名單及收入證明等重要文件，以便潛在投資者深入分析和評估項目。初創者亦應開始準備好盡職調查的相關文件和資料。

030

投資者如何決定是否投放資金？

鄭彥斌
C 資本總裁兼首席執行官

每三至四個月，團隊會討論正在觀察什麼行業或板塊。假設 deep tech 這板塊很大，項目包括 AI 人工智能、芯片、機械人等，我們便會研究為什麼投資，注意或者不注意什麼細節。作出決定後，便開展 mapping（映射），觀察行業裏最頂尖的 15 間公司，看行業數據。

創辦人的性格是重要考慮因素：他曾否創業？以前是不是一些大企業的高管？曾做投資工作嗎？我尤其喜歡看創辦人怎樣花錢，有時候我會跟他吃飯，或者看看他辦公室的裝修，觀察他的風格，會不會亂花錢。投資者當然不喜歡亂花錢的人，我們會看這個創辦人是否懂得達至平衡。也會以同樣的方式看他的團隊。

商業模式方面，會審視可否收支平衡，甚或創造盈利。還要了解他的競爭對手等。我們有個「分數卡」作紀錄，要達到某個分數才繼續推進，否則便需要觀望一段時間。

周駱美琪
阿里巴巴香港創業者基金執行董事兼行政總裁

不同投資者都有特定的投資範疇與考慮。以阿里巴巴香港創業者基金為例，我們大概投資了 70 間公司，涉獵行業廣泛，大概有三成是消費類型的，例如電商（e-commerce）或者相關行業，有三成是金融科技行業，另外就是一些 AI、deep tech 的行業，做企業解決方案（enterprise solution）的，還有一些 SaaS 的 software logistics、health care、環保行業，以及教育 education tech。

作早期的投資，超過 60% 都是 pre-A 或 A 輪的，這也符合我們基金的使命 —— 幫助初創企業起飛。我們會選好的項目及企業進行投資，主要會觀察企業的商業模式是否有創意，是否 disruptive（具顛覆性），還有其團隊是不是一個好組合。

031

投資者對初創企業有沒有特別的要求？

 鄭彥斌
C 資本總裁兼首席執行官

投資者當然期望初創企業盡快賺錢，不要再「燒錢」。如果在初創階段投資一間公司，我們期望年增長起碼應該要 2X（兩倍增長）。當然，巨企年生意額達幾百億美元以上，便不會期望每年翻倍了。

業內有一個名詞叫 Unique Economics，即是假設一碗麵定價 10 元，成本大約兩三元，別以為利潤很高，因為你有舖租物流、庫存、折舊等，計算完 Unique Economics 還能賺錢才合情理。

過往內地很多投資者都喜歡「燒錢」搶市場，這是 2020 年前後的資本情況，形成了壞現象，並不健康。

我要準備多少資金創業？

謝智剛
香港城市大學創新學院院長

初創企業須有充足的預算規劃，為未來至少 12 個月的支出進行評估，這些支出包括租金、職員薪津、營銷費用、研發支出，以及專業服務費用支出如聘請律師等。

建議把預算設定得較寬鬆，以應對未來的不確定因素。另外，也要在實際運作中謹慎管理財務，例如，在創業之始，必須確保每位創辦人都能夠提供相應的資金，如果資金不足，便要先累積資金或尋求其他融資途徑，切勿在資金短缺時強行創業，以免造成營運困難。

033

如何計算經營成本？

鄭彥斌
C 資本總裁兼首席執行官

要計算自己的 run rate（運行速度）。假設初創企業有 100 萬，每個月花 10 萬，他的 run rate 便是 10 個月，即是他 10 個月內一定要再多籌一輪投資，才可以生存下來。

現今的市場一般需要兩年的 run rate，所以成本控制很重要。每個月有預算，要盡快達到收支平衡。

IT 創科怎樣突出自己？

金信哲
香港科技大學協理副校長（知識轉移）

科技公司要明確釐清自己的優勢，當投資者問及「如果大公司計劃開展與你的公司類似的業務，怎麼辦？」初創業者回應這些問題前，要清楚知道自己技術的價值及定位、有什麼別具競爭力的優勝之處及可持續的競爭優勢。

科技公司除了要有適當的知識產權保護策略，進入市場的速度也非常重要。假設我們香港的初創企業和美國的初創企業有類似的發明，而香港的初創企業需要兩年才能進入市場，而人家只需六個月，我們將完全沒有機會進入市場。尤其是在 COVID-19 之後，創新的速度變得愈來愈重要，我們要檢視自己的創新生態系統是否夠快速。

035

投資者的目的是什麼？

 鄭彥斌
C 資本總裁兼首席執行官

投資公司考慮投放資金，不一定單純為了獲取盈利。初
創業者很多是科學家，他們最缺的不一定是金錢，反而是
落地的場景。假設我有一家機械人公司，有先進的技術基
礎，但找不到市場，也沒有客人選用你的機械人，那便不
理想。投資公司有其網絡與人脈，例如我們曾投資過一些
做人臉識別的人工智能公司，當要進入我們的商場大廈便
需要識別人臉，我們便可以利用應用場景，讓初創企業去
給其他的客人做示範。

一個成功的投資人，除了投放資金、估值，找來好的公司
來投資，還要給初創企業很多資源，包括介紹客人，拓展
市場，當初創企業遇上危機時還要協助處理。純粹出資作
一個「安靜」的投資者，彼此的關係不會長久。

唐啟波
戈壁大灣區管理合夥人

於我而言,風險投資者(venture capitalist, VC)的目的,是資助具有潛力改變世界的早期初創企業和科技發展。我們投資的初創企業,大都專注於利用創新科技以解決各行業中從垂直市場(vertical market)到價值鏈(value chain)所面臨的各種困難,尤其是市場缺口、效率低下等問題。當中包括從消費品產業到供應鏈,甚或醫療保健等各個領域。由於新科技需要投入大量時間和資金以推動商業化,以及把產品推出市場並帶來社會效益,這意味着投資者必須承擔更高的風險。而作為風險投資者,我們的工作就是識別出那些擁有高增長潛力的企業和科技,並主動承擔其他投資者不願承受的風險,以換取這些企業在未來成功後帶來更大的財務回報。在這過程中,我們也期望創新的科技能讓世界變得更美好!

036

引入投資者後如何確保仍有自主及控制權？

 韋安祖
畢馬威國際資產管理及房地產業全球主席

不少初創業者因獲私募基金或創投基金入主而感到高興，因那些基金不單為他們提供資金，也讓他們作好準備，包括整理公司的管治架構等來迎接上市時機。也有初創業者對此表示抗拒，擔心基金入股而扭曲了企業原有的理念，甚至會失去公司的控制權。

最好方法是找一位值得信賴的獨立第三方，與他商討及聆聽他的意見，亦有很多創業者會尋求策略夥伴或策略投資者，讓想法與價值觀相近的人來一同投資，與你一起經歷挑戰與機遇，這也是可行的方案。

037

投資者與初創企業會吵架嗎？

鄭彥斌
C 資本總裁兼首席執行官

很多時候，投資者與初創業者愈多磨擦，便愈多「火花」，當然，投資者一定要尊重初創業者的視野，因為這是屬於他的志業、他的生意，他對行業的認識必定比投資者多。

最好的互動關係，是投資者能尊重創業者的發展方向。當創業者遇上問題時，投資者可以幫忙解決，創業者發現投資者能夠為公司增值，他們便會更願意向投資者諮詢及商議。

管理／夥伴

Team Management

038

獨資還是合夥？

謝智剛
香港城市大學創新學院院長

獨資可享更多的決策權，卻需要獨自面對龐大的債務和風險。合夥創業可以共享如人脈、資本等資源，提升企業早期發展能力，但需要分拆所有權及分享利潤。

以下條件是考慮應否選擇合夥的關鍵：

- 需要行事公平，平均分配收益。

- 在爭執後可以互相給對方下台階。

- 能夠互補不足，各自根據自身強項處理不同業務。

- 能接受與合夥人長時間共事。

- 有一致的創業目標，並願意根據情況如市場預期不理想而調整創業目標。

039

創業合作的基礎是什麼？

謝智剛
香港城市大學創新學院院長

創業合作的基礎建立在互信之上。

即使合夥人之間的經營理念和個人觀點有所不同，只要大家相互信賴、理解和尊重，相信彼此的目的都是為了共同的成功，就能避免不必要的矛盾和分歧。互信不僅是合作成功的關鍵，也是維持合作關係的核心，彰顯了對創業夥伴人格的尊重，是人際關係中最珍貴的資產，創業夥伴也能感到被尊重和認同，發揮自己的主動性和創造力。

當然，信任他人也會帶來一定的風險，但這是創業過程中不可避免的一部分。如果決定要與人合作，就應展現出足夠的寬容和信任，才能讓業務發展和擴大。反之，若團隊成員之間彼此猜疑，將難以長期維持合作關係。

040

擁有創業夥伴有哪些好處？

謝智剛
香港城市大學創新學院院長

資源共享 —— 創業夥伴可以提供自身的行業背景和人脈，這些人際網絡能夠為企業帶來業務上的便利和支持。此外，創業夥伴亦會投入資金，是初創企業的一大助力，增加的資金可以用於擴大營運規模、增強研發能力或加強市場推廣，從而提升企業的競爭力。

能力互補 —— 創業不僅需要足夠的資金，更需要全面的專業知識和技能。創業夥伴的多樣化背景可令企業集結各領域專家的經驗和技能，如技術研發、企業管理、市場營銷等，這種跨專業的合作有助企業在多方面達到專業水平，共同解決商業運作中的潛在挑戰。

相對於一人創業，多人合作創業具有明顯優勢，不僅能夠提供更充足的創業資金，還有利於風險分擔和集體決策，使企業能夠更快速應對市場變化，迅速成長，取得更理想的經營成果。

041

何謂理想的創業夥伴？

謝智剛
香港城市大學創新學院院長

誠信守約 —— 誠信是合夥經營中基本且關鍵的商業道德。在合夥企業中，保持高標準的道德規範尤為重要，混入道德標準低下的合夥人，可能對企業的前途造成嚴重威脅。如果企業內部出現問題，便難以監管，一旦需要解除合夥關係，更會帶來極大的經營風險，斷送企業前途。

志同道合 ——「志」代表創業者的動機及企業的長期目標。「道」則涉及這些目標所需的戰略手段和方法。在初創前期階段，必須確保團隊成員的價值觀與企業文化相契合，創業夥伴能夠深刻理解並徹底執行公司的管理風格。這種基於相同價值和目標的合作，能夠確保團隊在面對挑戰時的一致性，並支持企業在發展過程中同步發展。

即使合作初期未能明確制訂具體目標，也應建立共同的方向感，假如未來目標有所改變，也能迅速適應。

優勢互補 —— 初創企業可比喻成一台由多個零件組成的精密機器，零件之間必須互相配合、互相補充，才能令機器正常運作。當創業夥伴各自擁有不同的優勢，而這些優勢能夠互補時，不僅可以提升各自的表現，甚至能產生出超越單一個體的能力。因此，最成功的合夥企業往往由背景和才能各異的人組成，他們之間的默契合作是企業強大的驅動力。

042

如何與創業夥伴維持
良好的合作關係？

 謝智剛
香港城市大學創新學院院長

首先，要建立一個和諧與團結的工作氣氛，形成團隊精神，使每個人都在榮辱與共的環境中工作。

第二是保持交流，以開放和誠懇的態度，互相交流思想和意見。然而，坦誠交流並不代表可以無所避忌，對話時需選擇適當的方式和時機，如意見不合時，最好私下心平氣和地交流，避免在公開場合爭論而引起誤解或衝突。

第三，平衡利益與道義，在創業過程中，應當重視集體利益，並妥善處理個人利益與集體利益的關係。在決策過程中，無可避免會出現意見不合的情況，這時需要找到個人與集體、利益與道義之間的平衡點，保證在尊重個人利益的同時，不損害到其他創業夥伴及企業的整體利益。

043

如何處理與創業夥伴的矛盾？

謝智剛
香港城市大學創新學院院長

合夥人之間的矛盾往往由認知差異、溝通障礙、態度不合及利益衝突所引起，這是在合作過程中難以避免的。以下策略可以幫助解決問題：

自我反省──首先應從自身找原因，承認並反思自己的不足。這不僅有助於卸下對方的防備心，也方便雙方坦誠地交流，避免進一步升級矛盾。但需要注意自我反省亦應堅持原則，避免無原則的讓步。

迴避退讓──適時的迴避不是逃避問題，而是為了防止進一步激化矛盾。在問題找到解決方案前，減少與對方的接觸，避免直接衝突，有助於降低問題的嚴重性。

求同存異──尋找雙方的共同點，暫時擱置分歧，集中精力在能達成共識的地方，不僅能令企業營運免受影響，還能逐步消除矛盾。

模糊處理──對於一些非原則性的矛盾，可以選擇不明確劃分是非的方式處理，避免了無謂的對立。

044

分配股權有什麼注意事項？

 AI

建議 1 至 2 位創始人擁有主要控制權，例如 60：20：
20 或 45：35：20 的股權比分，避免平均分配如 50：
50 或 33.3：33.3：33.3，這樣可避免創辦人在意見不
合時陷入僵局，浪費時間及成本。

可參考國外一個股權分配計算網站 https://founders.com，
根據每位創始人的貢獻程度，計算出合理的股權配置。

045

初創企業如何吸引人才？

謝智剛
香港城市大學創新學院院長

初創業者可以提供股權激勵和獎金計劃，雖然初創企業未必能提供高額薪資，但可以通過這些安排來吸引人才。這不僅可以激勵員工，還能讓他們對公司有更大的投入感。

初創業者也可以多參加業界活動，例如會議、展覽和交流活動等，展示企業的實力，建立良好的企業形象，增加曝光度，吸引潛在人才。

另外，也能選擇和院校或培訓機構建立合作關係，參與校園招聘和實習項目，可以提前接觸並吸引優秀的畢業生和實習生。初創企業亦可考慮參與市場上的就業支援計劃，例如由香港青年協會提供的服務，這些計劃會幫助企業與年輕人進行工作配對，並在後續階段積極跟進。

046

如何增強團隊之間的凝聚力？

謝智剛
香港城市大學創新學院院長

領導者必須加強團隊成員之間的溝通，這不僅限於工作上的信息交流，更包括情感上的互相理解和支持，以此建立信任和增進友誼。

企業可以定期舉辦團隊建設（team building）活動，如工作坊或團隊外遊，進一步促進成員之間的情感聯繫。

在企業內實行獎勵建議制度，鼓勵員工就行政流程、工作方法、工作設備等範疇，提出具建設性的改良建議，通過讓員工親自參與到制度建設中，能有效地增強他們的參與感和使命感。

047

如何處理表現較差的員工？

謝智剛
香港城市大學創新學院院長

僱主若發現員工表現一直未如理想，切記不可魯莽解僱，因為隨便解僱員工意味着人力減少，既拖慢工作進度，也需再花時間招聘，消耗人力及物力。

對於初創業者，若沒有管理經驗，可嘗試與該員工溝通，向其了解其無法完成預期指標的原因。這樣既可提點員工，也可根據員工的解釋對症下藥。是經濟環境低迷？還是最近靈感枯竭？是覺得薪酬待遇不佳？還是身體出現毛病？原因可以很多，但最重要的，是判斷什麼導致員工績效不佳。

除此之外，僱主還可以根據員工的性格和能力，了解員工的強項，安排其轉移至適合的工作崗位，又或者根據員工在哪一方面的技術不足，鼓勵其學習或進修。若員工仍然沒有改善跡象，則需要向其提出書面警告，仍舊於事無補，再考慮解僱。

財務／資金

Cash Flow Strategy

048

如何在創業前期
規避財務管理上的風險？

 吳家興
爽資本行政總裁

對於初創企業來說，現金流是最重要的，千萬不要被投資者或公司股東左右，聽他們說不停「燒錢」，因為「燒錢」過程可以很快，但要賺回這些錢卻很困難。

很多創投基金喜歡設定極高的 KPI，然後游說創業者快點花光所有錢，令某些數字如用戶數目提升，方便下一輪融資。

請緊記，這些數字並不代表盈利，而且在經濟利好的環境下，這招還可能有效，萬一像過去幾年受疫情影響，經濟下滑，就沒有投資者會看這些數字，所以初創企業要堅持當初訂下來的目標，最後才會能成功。

韋安祖
畢馬威國際資產管理及房地產業全球主席

儘管你擁有世界上最好的創意,但如果沒有財政上的支持,現金流出現問題的話,便真的要很小心。業務最終能否成功,大部分時候取決於是否有足夠現金流支持。

現金!現金!現金!初創業者要思考的,是你的現金模式(cash model),如何帶來收入?好的商業計劃要有良好的現金流預估(cash forecast),確實不少人認為初創談燒錢速度(burn rate)是很時髦的事情,但這只是每個月現金流走的速度,會計學上有既定性固定成本(committed fixed cost)及可變成本(variable cost)之分。前者是無可避免的,是營運生意的最低成本,但後者卻是可免則免的,例如租寫字樓是固定成本,但是否需要在中環租甲級寫字樓則是可變成本,將錢花在應該要花的地方,特別是在香港這個商業成本昂貴的地方,更需要慎重考慮,收支平衡永遠是關鍵。

049

如何應對創業初期資金流通和產品推廣的雙重挑戰？

 謝智剛
香港城市大學創新學院院長

創業過程中，資金管理是一個關鍵問題，不僅研發成本高昂，機器設備的更新換代也需要大量投資，而這些支出往往難以預測。因此，初創業者需要培養精確掌握資金流的能力，以確保企業能持續營運。對於初創企業者而言，利用政府及專業顧問提供的支持也非常關鍵，合理配置這些資源能夠發揮最大效益。

對於資金不足的創業者，建議重新審視產品的定位，考慮申請專利或尋求創業夥伴來填補資金缺口。很多創業者的產品雖然優秀，卻苦於找不到支持者，其實產品可能只需稍為調整和改進，或換一個更合適的銷售策略。另外，有些創業者會選擇先到大公司工作數年，累積人脈和經驗，再利用這些資源推銷自己的產品，這也是方法之一，不僅能增強產品的市場接受度，也有助於創業成功。

050

公司面對突如其來的擴大規模，資金要如何調度？

黃克強
香港科技園公司行政總裁

不少人可能都聽過有關一家快遞公司的故事，就是當年專門為某大型快餐店提供快遞服務的公司。他們的商業模式非常好，能夠提供食物配送服務，雖然不如 foodpanda 那麼大規模，但確實為餐廳成功地提供了食物配送服務。然而，他們的失敗在於典型的現金流問題。當公司的生意規模小，成功與否都沒太大問題；但當業務擴展到一定規模時，現金流就成了大問題。

舉個例子，你製作一個杯子、兩個杯子、十個杯子都沒問題，但如果有人一下子訂購五萬個杯子，你就可能無法應付了。這家快遞初創公司的失敗就是因為某大型快餐店拖欠了一些款項，而他們需要支付給電單車司機，結果就欠了幾千萬的流動資金。

這些都是典型的初創企業失敗案例，非常痛苦，我們稱之為 valley of death（死亡之谷）。當業務規模很小時，失敗也無所謂，可以重新開始。但當你業務規模擴大，有大訂單時，如果你無法管理現金流，問題就來了。比如以上的情況，他們沒有聽從銀行的建議進行保理（factoring），銀行是一定能收到錢的，只需支付一點費用即可。但他們反應太遲，最終無法管理好現金流，這就是不懂得經營生意的結果。

這些失敗案例告訴我們，懂得及時尋求銀行的幫助是非常重要的。

韋安祖
畢馬威國際資產管理及房地產業全球主席

初創業者懂得適時尋求會計機構協助非常重要的。當你開始向銀行或是投資銀行尋求更大的融資時，如果有一個像 KPMG 這樣的大機構名字出現在你的商業計劃中，是很有幫助的。

我想鼓勵初創業者最重要是不要害羞，或者總是認為公司規模仍是太小，你更加先不用擔心要支付昂貴的費用，我常常到科學園、數碼港及其他初創機構演說，也表明只要你覺得需要一些專業意見，那些大型會計機構會擁有你所需要的專業知識，你不妨跟他們接觸，舉例說 KPMG 在香港就有一間 Digital Insights Centre，只要你擁有好的點子，而且能用科技解決一些問題，我們就有興趣進一步了解。

051

如何確定企業的融資規模？

謝智剛
香港城市大學創新學院院長

不當的融資規模可能會浪費企業的資金或增加經營風險。融資過多，可能導致資金閒置，增加成本；融資過少，則可能影響企業營運和發展計劃。因此，企業在進行融資決策時，應精確評估資金的實際需求、融資成本、融資的可行性，並利用以下兩種方法來確定融資規模：

經驗法 —— 根據企業的發展階段和內外部資源情況，先利用內部資金，然後根據需求考慮外部融資。當中要評估企業的規模、行業地位及不同融資方式的特點。例如，未能達到上市條件的企業會選擇傳統的銀行貸款，中小企業則可能選擇風險投資基金融資。

財務分析法 —— 通過深入分析企業財務報表來確定融資規模。這種方法需要企業提供全面而透明的財務報表，以便資金提供者根據報表進行資金供應評估，精確地反映企業的財務狀況和資金需求，適用於面對較高不確定性時的融資決策。

融資談判時需要注意什麼？

謝智剛
香港城市大學創新學院院長

在進行融資談判時，創業團隊必須與投資者親自會面，因為只有團隊成員最了解公司的實際營運情況和未來的發展計劃，直接參與談判不僅能夠更準確地傳達公司的願景和需求，也有助於建立投資者的信任。

在與投資者交流時，應採取開放和直接的溝通方式，真誠地分享信息，坦白表達公司的現狀及面臨的挑戰。這種坦率的溝通有助於消除誤解，增強雙方的信任。同時，對於投資者的反饋和建議，創業團隊應保持開放的態度，投資者的質疑往往基於對業務的深入了解，有時還能激發出寶貴的意見，有助於改善公司策略。

選擇投資者時，也不應僅以資金多少為標準，而是應該尋找那些不僅能提供資金，而且能夠給予策略支持，並與公司的長期發展方向相契合的投資者。選擇理念和發展目標一致的投資者，更有利於實現持續合作與長遠發展。最終能令雙方互利共贏。

053

現金短缺或資金充裕時
該做什麼？

謝智剛
香港城市大學創新學院院長

如果資金短缺，自然要想辦法開源節流。

在「開源」方面，可以發起促銷活動，將庫存換取資金，或者尋求投資人的幫助來穩定營運狀況；而節流的辦法有很多種，創業者可以審視當前業務來選擇縮減開銷，例如削減推廣開支、選用成本較低的材料生產及降低員工薪酬等。

相反，倘若公司資金充裕，初創業者可以利用這筆額外的收益加速擴張速度，例如開設分店、添置設備及增聘人手等，亦可以考慮償還貸款，或者當作獎金犒賞員工，也可以考慮按兵不動，將資金留存以應對突發情況。歸根結底，初創企業如要穩定地營運公司，一定要根據當前公司所持有的現金狀況和社會經濟環境而作出相應的決策，在資金短缺時要為公司開支減負，在資金充裕時則想辦法令其穩固。

需要保存會計賬目和紀錄嗎？

韋安祖
畢馬威國際資產管理及房地產業全球主席

初創最重要的是合規，如準時支付員工薪金、準時報稅及交稅、將所有收支記錄妥善保存……緊記不要有不合規的記錄，初創要專注於銷售或研發，很容易就忽略了這些會計及營運安排。

保持良好合規的會計流程是商業世界運作由來已久的守則，在香港經營業務就需要恪守這裏的法規，當然要做到合規確實需要花費一定的成本，但商譽是極為重要的事情，也影響日後融資的能力。我想強調的是，良好合規確實不會為公司帶來生意上的增長，但不合規卻往往會令生意倒閉，這點必須緊記。

AI

根據香港稅務條例，所有在香港經營的公司必須以中文或英文的形式將收入及開支的紀錄妥善保存，以方便稅務局確定公司的應評稅利潤，然後評估其需要繳交的利得稅。

根據香港法例，凡業務紀錄都需要在交易結束後留存至少七年，若沒有保存足夠的紀錄，最高可被罰款十萬元，所以企業報完稅後，仍須保存會計賬目。

如何設定合理的成長率？

謝智剛
香港城市大學創新學院院長

設定成長率應詳細考量多方面因素，公司規模、市場範圍及目標客戶都會直接影響成長速度，若市場規模較小的話，公司應提升成長率以迅速佔領市場份額。初創業者也需要密切關注競爭對手的擴張速度，及時調整策略以維持競爭力。

資源限制也是一大考量點，特別是資金和人才。資金充足時，企業可以更加積極擴展；人才充裕則能有效推動公司的創新和營運能力。

上述因素都會影響着成長率的高低。

056

初創企業需要什麼保險？

AI

僱員賠償保險是香港唯一法律強制要求的商業保險，企業
未能提供僱員賠償保險的證明時，可能面臨高達 10 萬港
元的罰款及最多兩年的監禁。

此外，還有幾種非強制性的保險，對於初創企業來說非常
重要：

一般責任保險 —— 保護企業免受與業務活動相關的各種
索賠風險，包括身體傷害、財產損失，以及由員工在提供
產品或服務過程中可能造成的任何損害。

專業賠償保險 —— 涵蓋因專業失誤對客戶或第三方造成
損失的訴訟費用。雖然香港法律未強制要求購買此保險，
但某些專業領域如管理諮詢、健身、技術工程、資訊科

技、醫療及教育等，可能因行業規範或職業資格要求而必須購買。

財產保險 —— 保護維持企業業務的資產，如辦公室財產及設備，承保因自然災害引起的損失。

業務中斷保險 —— 在極端天氣或其他外部事件導致業務中斷時，提供財務支持，幫助企業維持營運。

網絡保險 —— 承保企業免受網絡犯罪和數據泄露的相關費用。

如果希望得到更詳細全面的保險建議，可考慮聘請專業保險經紀，他們可以根據公司的實際情況，更有針對性地提供專業建議和解決方案。

專利／訴訟

Safeguarding IP

057

如何申請商業登記證 Business Registration (BR)？

 AI

依照《商業登記條例》，凡在香港開展業務的人士，都必須在業務開展後一個月內申請商業登記。獨資企業或合夥企業應向商業登記署提交商業登記證的申請；若計劃成立公司，在向公司註冊處提交公司設立申請時，將自動視為申請商業登記，無需再向商業登記署提出申請。

商業登記證的有效期有一年（$2,200）和三年（$5,870）兩種選擇，其中費用已包括商業登記費及破產欠薪保障基金徵費。申請手續可透過線上申請、傳真、或將申請文件郵寄至「香港告士打道郵政局郵箱 29015 號」。

香港特區政府會在特定年份免除當年的商業登記證費用，退還已繳付的登記費。因此若計劃建立長期經營，可以申請三年證，無須因價格較高而選擇一年證。

有限 vs 無限？

 AI

「有限公司」有 1 至 50 名股東，並擁有獨立的法律地位
（separate legal entity），可以用公司名義簽約並持有財
產，如果公司的資金不足以抵債的話，股東無需提供額外
資金，可以選擇將公司清盤，換句話來說，即是每名股東
的債務責任上限是其投放於公司的資金，不會因公司的債
務關係賠上私人財產，另外，即使某一股東離開公司或身
故，公司仍可繼續營運。

相反，「無限公司」的合夥人人數為 2 至 20 人，並且其
債務責任上限是無限的，每位合夥人需為其他合夥人的行
為負上責任，當公司資金不足抵債時，需要變賣私人財
產，包括物業、股票等，來還清債務，有可能因此破產，
另外，若某一合夥人離開公司或身故，公司就不能繼續營
運，即告解散。

選擇開設「有限公司」或「無限公司」時應考慮哪些因素？

謝智剛
香港城市大學創新學院院長

債務風險 —— 初創者應考量公司的開支花費，例如研發成本、辦公室租金、員工薪資等，若債務風險較高，建議開設「有限公司」自保，但當不涉及大量開支時，以「有限公司」自保的必要性較低。

架構彈性 ——「有限公司」以股份劃分擁有權，因此在企業架構、融資、股份分配等比較簡單，如公司有意引入第三方投資者，可先取得現有股東的同意，然後出售股份或分配給新投資者。「無限公司」的交易步驟繁複，涉及權益轉讓時，必須按照合夥人之間擬定的協議進行，因此難以吸引投資者，缺乏架構彈性。

業務便利 —— 不少大機構只選擇與「有限公司」進行業務合作，例如提供貨物及服務、參與項目投標、簽訂合約及租約等。另外，向銀行申請貸款，或向政府、私人機構尋求資助時，使用「有限公司」都會較為方便。同時，在接觸潛在客戶時，「有限公司」更能展示公司的規模，有助提升及增加客戶信心。

初創企業一般會遇到
什麼法律問題？

徐建輝
中倫律師事務所香港分所管理合夥人

股權比例（shareholding structure）——大家都是創辦人，而且這個團隊本身有人提供技術，有些人會提供資金，有些人人脈較廣，可以介紹市場或顧客，所以這種情況下每個人的份額有多少，在初創企業公司最容易發生糾紛。股權比例裏面的學問很大，到底應該怎麼分配？是平均分配？還是說誰佔的更多一些？這裏有很大的學問。

融資時機——如果幾個股東拿的股份比較大，當稍為取得成果，發表了一些產品的原型（prototype）就融資的話，有可能時機太早了，因為你的股權比例一定會被稀釋。我們也看到很多創始人做了一段時間就欠缺資金，要去找風險投資或者其他人融資，那麼他可能很早就把自己的股份從 60% 稀釋到 30%，到 10% 甚至到 5%，這樣就失去了對這個企業的控制權。這便是「融資過早」的情況。

還有一種叫「融資過晚」。看着企業開始做得不錯，有些投資人／天使投資人，或者風險投資人來找他，但是他覺得現在現金流還不錯，沒有接受。但到了市場大環境不景氣，比如最近一兩年吧，經濟下滑，這個時候再去找投資人的時候，投資人已經沒有錢，手頭的基金已經全都投出去了，或者對他這個行業不再看好，那便是融資過晚。

資產權 —— 資產權裏永遠有兩難的情形，因為初創企業只有三五個人，一個很小的辦公室，各方面都需要花錢。水電、煤氣、租金、員工的工資等，這個時候創始人往往不願意去花錢在知識產權保護等方面，沒有註冊他的商標，登記他的專利，或去請律師幫他們安排商業秘密保護措施等，因小失大，往往導致後續出了很多麻煩，造成巨大損失。所以知識產權保護也是非常重要的。

擬定公司名稱時需要注意什麼？

AI

在香港成立有限公司時，其名稱需要符合《公司條例》及其他相關法規，否則有可能被拒絕申請，以下是《公司條例》對公司名稱的一些規定：

1. 公司可以以中文名稱、英文名稱或中文及英文名稱註冊，但不得使用中文及英文混合的名稱，例如公司可以以「創新有限公司」或「Innovation Limited」全中或全英的名字註冊，但不能使用「Innovation 有限公司」。

2. 公司名稱的中文後綴必須是「有限公司」，英文後綴必須是「Limited」，而不能是縮寫「Ltd」，如有需要，可向公司註冊處申請刪去後綴，但必須提供充分且合理的理由。

3. 公司的中文名稱必須是繁體字，並且必須能在《康熙字典》、《辭海》、ISO 10646 國際編碼標準中找到。

4. 擬定的公司名稱不可與現有公司或法人團隊的名稱相同，以「Innovation Limited」為例，「The Innovation Limited」、「Innovation Company

Limited」等都會被視作相同。初創者可在公司註冊處網上查冊中心（www.icris.cr.gov.hk）或金鐘道政府合署 13 樓公眾查冊中心，免費查閱擬定的公司名稱是否已被選用。

5. 若該名稱會構成刑事罪行、令人反感或違反公眾利益，公司名稱將不獲准註冊。

6. 若公司名稱與中央覺得該公司與中央人民政府、香港特區政府或其任何部門，產生任何方面的聯繫，公司名稱可能將不獲准註冊，例如「政府」（Government）、「部門」（Department）、「議會」（Council）等。

7. 若公司名稱包含下列的字或詞，在註冊前須先獲得批准，包括「街坊」（kaifong）、「徵費」（levy）、「受託」（trust）、「受託人」（trustee）等，詳細的敏感字詞可參考《公司名稱註冊指引》（www.cr.gov.hk/tc/publications/docs/name-c.pdf）。

8. 其他法例可能已對某些字及詞作出規管，不當使用這些字詞將會構成刑事罪行，例如《銀行業條例》不准許在公司名稱中用「銀行」（bank）一詞。

062

如何找到公司營運所需的
所有牌照？

 AI

初創者可利用政府工業貿易署網頁的「商業牌照資訊服務」（www.success.tid.gov.hk/tid/tcchi/blics/index.jsp），在網頁輸入行業關鍵詞，並回答幾條有關營運方式的問題，系統便會詳細列出在相關行業所需牌照的所有資料。

完成公司註冊和商業登記後，仍緊記要為商標申請註冊。公司註冊和商標登記各自遵循不同的法規體系，前者由公司註冊處負責，後者則由商標註冊處處理。即使擁有商業登記證或公司註冊證明，也不能將公司名稱作為商標使用於推廣或經營商品及服務。

063

何時需要法律諮詢？

徐建輝
中倫律師事務所香港分所管理合夥人

成立初創企業的時候，初創業者便應該去找律師，這時候，律師可以設計股權結構。另外，創始人之間要考慮是不是拿 20% 來給員工，作為一個 Stock Option Pool（期權池）之類。這個階段律師已經可以介入，為他們作準備。另外，初創企業很依賴知識產權，如果擔心發明被競爭對手或員工偷走，應該找律師幫忙。

下一階段是公司已經發展得不錯了，需要考慮 A、B 輪融資，甚至考慮上市了；這時候也會考慮是否用家族信託（family trust）：如上市以後，創辦人分多少，配偶分多少，留多少給子女。如果需要這個 B 輪、C 輪、D 輪的融資，是要找銀行，還是找其他的一些風險投資的基金？所以每一個階段都需要律師，但是需要律師的專長都不太一樣。

如收到大企業發出的律師信，該如何處理？

金信哲
香港科技大學協理副校長（知識轉移）

有些初創企業在開展了業務後被控告，或製造了一些法律問題而不自知。因此，公司的 CEO 必須果斷地應對，也要知道如何及何時去尋求幫助。初創企業特別是在成立初期，往往嚴重缺乏這類風險管理工作，因此有一位合適的顧問或 mentor 十分重要。

有些初創企業可能收到大企業來信指控他們侵犯了專利權，那麼應該如何應對呢？他們應該非常謹慎地回覆這些信件，因為處理不當，便會覆水難收。清晰地了解知識產權環境和智慧財產權，製造沒有智慧財產權侵權的產品非常重要。此外，初創企業還需要分析其他公司主張的權利侵權行為。我們的產品是否真的侵權？還有其他可用的技術嗎？難道我們不能在沒有侵權的情況下製造產品嗎？雖然這類風險並不是每天都會發生，但初創企業必須知道如何管理風險，這是創業所需注意的其中一部分。

065

如何申請商標註冊？
整個流程需時多久？

 AI

申請人應先查閱商標記錄，確認無重複後，可以透過線上系統或郵寄填妥表格至知識產權署商標註冊處，附上商標的清晰圖樣，並繳交相關費用（申請商標註冊的基本費用為港幣 2,000 元，每增加一類商品或服務的額外費用為港幣 1,000 元。）。

申請者需特別留意，若申請是以中文進行，則註冊證書僅限中文版，反之亦然。如果申請過程中沒有任何問題，且商標未遭反對，從提交申請到批准註冊的時間可能短至六個月。詳情可留意知識產權署網頁 (www.ipd.gov.hk)。

不同的商標符號各自代表什麼？

 AI

商標符號有兩種，分別是「™」和「®」，透過標記這些符號在商標右上角、右下角或其水平位置，就可以反映出商標不同層次的法律保護和聲明狀態。

「™」（trademark）：用於表明商標目前尚未完成註冊或正在申請中，但由於尚未完成註冊，所以商標此時不受法律保護，仍存在被搶先註冊的風險。

「®」（registered trademark）：表示商標已經完成正式註冊並受到法律保護，未經商標擁有者許可或授權，任何企業或個人使用該商標都可能面臨侵權訴訟。因此，只有在商標正式註冊後，才能在商品上使用「®」符號；未註冊商標若擅自使用此符號，則屬於違法行為。

067

使用商標符號需要注意什麼？

 AI

在跨國銷售中謹慎使用商標標記，特別是「®」符號。如果商標在銷售國未完成註冊手續，卻已標有「®」，可能會導致法律問題。

建議在完成註冊前使用「™」符號，因為它僅表示商標正在申請中或計劃申請，並未受到正式法律保護，所以能夠避免了法律風險，同時也向其他人表明已主張該商標權利，避免他人申請相同或類似的商標。

068

設計商標時應注意哪些因素，以提高獲得核准的機會？

 AI

下列是幾個商標設計的考慮因素：

1. 避免與他人的註冊商標構成相同或近似，於設計商標前可登入網上商標檢索系統（http://esearch.ipd.gov.hk）進行網上檢索。

2. 避免選用缺乏顯著特性的字詞，例如「wonderful」或「brilliant」。

3. 避免使用行業通用語，若商標是某行業的常用語言或圖示，如「software」，則可能不被接受。

4. 禁用不當內容，商標不得帶有種族歧視成分，或與國家名稱、國旗、國徽、軍旗、勳章等相同或近似。

5. 避免誤導消費者，商標不應使用可能讓消費者對商品的內容、性質、品質或產地產生誤解的文字或圖形。

069

要找律師處理
知識產權的問題嗎？

徐建輝
中倫律師事務所香港分所管理合夥人

不少初創企業都從事高科技，他們的商標、專利、專有技術等，都需要律師幫忙處理知識產權。知識產權是個很廣闊的領域，包括商標、專利、外觀設計、版權等各個領域。

初創企業的知識產權如果保護不力，很容易被較大的競爭者所利用。比如，初創企業發明了一款產品，如沒有特別保護，其他規模大的競爭者很快就會抄襲了，做成相同或類似的東西。而大企業有較完善的銷售網絡，有品牌效應，初創企業的想法可能很快就被他們使用了。這些方面的爭議，知識產權領域的訴訟律師也會經常介入。

如何保護自己的知識產權？

徐建輝
中倫律師事務所香港分所管理合夥人

知識產權是個統稱，它包括商標、專利、外觀設計、版權等各個類別。每種知識產權的產生方式、登記和公示的途徑、保護的手段等，都不一樣。

知識產權有很強的地域性。以專利而言，一個國家所授予和保護的專利權僅在該國的範圍內有效，對其他國家不產生法律效力，其專利權是不被確認與保護的。如果專利權人希望在其他國家享有專利權，那麼，必須依照其他國家的法律另行提出專利申請。

假如初創企業估計未來幾年僅在中國銷售產品，短期內不打算出口，也不打算做成一個全球品牌，在資金十分有限的情況下，他可以考慮僅在中國申請相關專利，暫時沒有必要去國外申請專利。

071

註冊專利有什麼分類？
費用昂貴嗎？

徐建輝
中倫律師事務所香港分所管理合夥人

專利有很多種，比如發明、實用新型、外觀設計等，每一種專利特點都不太一樣，申請成本也千差萬別。

一般而言，相較其他兩種，發明專利的申請更複雜些。它的說明書需要詳細解說產品，闡釋這個發明所解決的技術問題及功能，往往要附圖說明，最後還要準確陳述想保護的發明的技術特徵。很多前沿技術發明的申請說明書，往往是厚厚的上百頁，準備起來耗時耗力。

版權的法律概念是怎樣的？

徐建輝
中倫律師事務所香港分所管理合夥人

版權最大的特點是不需要經過註冊手續，已可獲得法律的保護。從這個角度，版權保護有別於那些必須經過註冊手續才取得法律保護的知識產權，如商標、專利等。

舉例而言，比如我今天創作了一篇小說，我不需要去政府部門登記這篇小說，小說寫完的那一刻，版權就已經產生了。不論有沒有在期刊或報紙上發表，都不影響這篇小說的版權。

073

如果被人侵權，應如何應對？

徐建輝
中倫律師事務所香港分所管理合夥人

第一步是讓律師發律師函，指對方侵犯了企業的權利，請立即停止。有時候演藝明星、網紅發現他們的照片在不知情的情形下，被印在產品上面，或者餐廳等使用形象，這時律師會代表他們，發律師信給對方，指對方侵犯了客戶的權利，必須立刻停止。

如果對方繼續侵權使用，就可以考慮向法院提出訴訟。

訂立融資協議及股權比例，
需要留意什麼？

徐建輝
中倫律師事務所香港分所管理合夥人

初創企業者最關注的是控股權問題。

企業在成長過程中，創辦人不希望自己因股權低而被其他人踢走。歷史上最有名的故事就是 Steve Jobs，他是蘋果公司創辦人，但創立公司幾年以後卻被董事會踢走，因為他在企業多輪融資後，股權比例被嚴重稀釋，在沒有控制權的情況下，其他人就可以把他給踢走。所以控股權是最重要的，創辦人要知道如何確保自己經過幾輪融資後，不會失去對企業的控制權。

企業創辦人之間經常有意見不一的時候，比如公司有兩個創辦人，各持有 50% 股份，公司成長後，他們的想法、營運的方向必然會有衝突，如果他們的股權比例是 50 / 50，二人都無法說服對方，便會形成 deadlock（僵局）。

在僵局的情況下，公司很難營運下去。假設有三個創始人，大家的股權分配是 33/33/33，最後誰也無法說服誰的情況下，公司也特別容易失敗。

就股權比例而言，很多研究表明，只有一個創辦人是最理想的，或者若是三個創辦人，但其中一個股權最好超過 50%，另外兩個加起來也不要超過 50%，這種是較理想的比例。

和基金對賭？

徐建輝
中倫律師事務所香港分所管理合夥人

有一個有趣的情況叫「對賭」，就是當企業融資時，初創企業創辦人會找 venture capital 來投資。那些基金往往會說：「我估計你明年能賺 1 億元，我對你估值 10 億元，我願意出資 2 億元，認購你 20% 股份。如果你明天賺到 2 億元，我再額外支付 2 億元。」

這是一種博弈的概念：對基金而言，雖然他對目標公司有所了解，也同意投資，但是目標公司是不是能夠像它所承諾增長得很快，賺很多錢，基金是不放心的。從企業創辦人來說，目前我無法說服基金，但可給基金一個增長計劃，如果自己做不到，就認賭服輸，把股份給基金。這是目前融資領域經常看到的。過往曾有很多案例，譬如企業達不到承諾的業績，創辦人便把股份輸給投資人。

076

怎樣訂立股東協議最穩妥？

 徐建輝
中倫律師事務所香港分所管理合夥人

股東協議需要把各個股東的權利和義務約定得非常清楚明白。股東的權利、義務是指，他是以哪一種方式來投資，是真金白銀把錢放進去，還是主要貢獻技術、技術秘密（know how）、專利等？哪個股東負責宣傳？哪個股東負責銷售？哪個股東提供資金？都要寫得清清楚楚。

此外，股東之間會有一些特殊安排，譬如說某一股東的技術在某初創企業裏面至為重要，如沒有他的技術，這家公司便無法營運，則這位股東的重要性與其他股東是不一樣。例如，可以安排這位股東的每一個股份帶着 3 個投票權，甚至 20 個投票權等，這稱之「超級投票權」股，如有這些安排，也要寫在股東協議上。

隨着科技企業的發展，近年上述的做法和安排普及起來。這些安排往往有很強的激勵作用，確保公司的靈魂人物長

久留在公司，哪怕他的股份被稀釋了，他的投票權仍然佔優，這也是股東協議裏常見的。

還有一些條款，比如說企業股息（dividend），也是會經常引發矛盾。舉例說，財務投資者希望企業把每年所賺的錢，至少把 50% 分出來給股東，但是創辦人往往是理想主義者，他覺得自己的理想還沒有實現，要把利潤繼續投放到研究中，要推出更多新技術和產品，彼此有不一樣的想法。在這種情況下，到底要不要分紅、分多少出來等，也必須在股東協議中寫得清清楚楚。

金信哲
香港科技大學協理副校長（知識轉移）

如果初創企業是由團隊成立的，我強烈建議必須以書面形式寫下所有細節，尤其是股權的分配。

過去有不少例子是兩位好朋友一同創辦了公司，兩年後公司成功了，這兩位朋友卻因沒有事先分配好股權而反目成仇。因此，為了防患於未然，必須在一開始好好說清楚股權分配，達成共識。

有些時候，一些企業創辦人為了避免破壞信任的關係或有所顧慮，不敢開口表示自己想要更多股權比例，而任何未說出口、未解決的問題都可能是潛在危機，或者會出現分工跟收入不成正比的情況。所以，任何與錢有關的事情，我都會鼓勵企業創辦人要坦誠、公開地討論，並且明確規定股權比例，以防止未來出現問題。

成長／擴展

Scaling Up & Succeeding

077

如何準確判斷市場？

韋安祖
畢馬威國際資產管理及房地產業全球主席

香港初創業者面臨最大的挑戰，同樣也是機遇，便是如何將應用在七百多萬人口的創意點子，輻射到其他人口更多、規模更大的城市？

當《粵港澳大灣區發展規劃綱要》實施時，初創業者的世界頓時變得不一樣，政府就這方面給予了很大支持，初創業者可通過一帶一路或東盟進入不同市場，甚至是最近較多人談論的中東，只要一走出去，商業潛力就不可同日而語。

香港的角色是孵化創意，下一步一定要擴展及商品化至內地及海外其他市場。

謝智剛
香港城市大學創新學院院長

在創業過程中，初創業者常見的市場判斷失誤主要是未能精確識別目標客群，導致難以吸引顧客購買其產品或服務。

初創業者應該審視並判斷市場飽和度，若不慎進入市場競爭激烈的行業，就會面對龐大的競爭壓力，難以在市場中脫穎而出。

另外一個常見的失誤，是選擇的商業模式或產品本身沒有足夠的市場需求，許多初創業者可能對產品或服務過於樂觀，篤定市場必會接受它們，然而真正進入市場後才意識到產品根本不符合實際的市場需求。這些判斷失誤不僅會導致創業失敗，也會消耗初創者大量的時間和資源，最終難以回本。

078

如何進行有效的市場研究？

謝智剛
香港城市大學創新學院院長

為了避免創業失敗，有效的市場研究至關重要。初創業者可以針對明確的目標客群設計問卷，藉此了解產品需求，並通過觀察市場上類似產品的競爭情況，來了解市場的真實需求。此外也能利用 SEO 工具及社群媒體分析平台，搜集相關消費數據，分析消費者對該產品類型的關注程度，這有助於判斷市場趨勢。

募資活動也可以測試市場反應，根據市場的實際回應來評估產品的受歡迎程度。最後，提供產品試用並從目標客群那裏收集反饋，可以進一步確認產品的市場適應性。

這些步驟不僅能幫助創業者確認產品是否符合市場需求，還能讓他們更深入地了解目標消費者的特性和消費習慣，對於制訂有效的市場策略和行銷手段至關重要。

從哪些方面着手建立品牌？

 AI

根據 1960 年美國行銷學會（AMA）的定義，品牌是由名稱、字句、標誌、符號、設計或其組合構成，目的是讓企業、產品或服務與市場競爭者區分開來。品牌要素主要分為顯性和隱性兩大類。顯性要素有下列四項：

名稱 —— 品牌名稱。

標語 —— 深化大眾對企業、產品或服務的印象。

商標 —— 設計獨特的圖案、運用明顯的色彩、易讀的字體以便於識別。

設計和組合 —— 上述要素的整合處理，另外也包括產品的包裝設計、廣告歌曲等，形成具有明顯差異性的品牌形象。

隱性要素則是品牌在消費者心中的形象和產生的感受，包括其理念、承諾、個性等。初創業者可以參考上述要素，從顯性和隱性兩方面塑造品牌的獨特性，並透過廣告、促銷、公共關係等市場營銷手段，吸引目標消費者的注意，從而加強消費者的信任和忠誠。

080

如何塑造品牌價值？

 AI

初創者可以考慮下列四個角度，確立品牌價值：

企業使命 —— 品牌想要達成什麼使命？該使命對企業的重要性？為什麼要達成這個使命？這個使命會為消費者帶來什麼？

市場策略 —— 品牌在市場中的定位是什麼？如何獲得消費者的認同和信任？如何實現對消費者的承諾？

目標消費者 —— 企業的目標消費者是哪個群體？他們有哪些個性、習慣、偏好？如何根據他們的喜好，投其所好地設計出吸引的品牌形象？

產品與服務 —— 企業有什麼與眾不同的產品功能？怎樣區分它與市場上現有的產品或服務？

如何制定市場營銷策略？

AI

以下是一些基本的市場營銷策略和考慮：

明確市場定位 —— 首先，初創業者需要明確自己的目標市場和目標客戶，通過市場調研和數據分析來了解目標客戶的需求、偏好和購買行為。

制定獨特賣點 —— 確定產品或服務的不同之處，如何應對客戶的需求或市場目前的問題，這將是吸引客戶的主要因素。

選擇合適的營銷渠道 —— 根據目標市場和資源，選擇最有效的營銷渠道。這可能包括社交媒體、電子郵件營銷、內容營銷、SEO、PPC 廣告等。對於預算有限的初創企業來說，內容營銷和社交媒體營銷是成本效益較高的選擇。

測試和調整策略 —— 市場營銷不是一成不變的，所以應該持續測試不同的策略，並根據市場反饋和分析數據（如轉化率、點擊率等）來監控營銷效果，並持續優化未來的營銷計劃。

082

怎樣的宣傳文案可令人有深刻印象？

 楊珮珊
Race Capital 合夥人

可以在宣傳文案中包含真實的數據，以量化公司的市場規模、客戶痛點和影響。另可加入來自投資者和用戶的正面評價，藉此提升公司形象，突出市場地位和發展潛力。

要為公司或產品創造有趣、吸引人的故事，媒體宣傳不會使你變得更有趣，只有你自己才能讓你變得有趣，可以多從記者及受眾的角度考慮為何他們要留意你的公司或產品。

如何利用媒體做宣傳？

楊珮珊
Race Capital 合夥人

要根據企業的目標受眾（如投資者、客戶）制定目標媒體清單。例如投資者可能會閱讀某些投資雜誌、網站，就要專攻那些媒體；如目標受眾是大眾客戶，就要利用客戶日常接觸的媒體，如社交平台、報章、雜誌等。

要以尊重的態度對待記者，積極與媒體建立良好的關係，關注他們的工作，讓記者感到有義務報道你的公司。

084

做公關有什麼是不宜做的？

 楊珮珊
Race Capital 合夥人

不要為了公關而做公關。企業必須認清自己的業務目標，並以此與公關目標保持一致。做公關也要想清楚目標是什麼，是為了籌集資金、招聘、增加曝光率還是獲取客戶。

如果產品還沒準備好，就不要做任何公關；而且要盡量避開重大節日、假日或大型行業活動，避免被搶去焦點或受眾無暇留意你的宣傳。

初創企業需要商標嗎？

謝智剛
香港城市大學創新學院院長

在市場中建立商標是非常重要的。首先，商標可以幫助消費者區分來自不同公司的產品，所以，初創企業若持有一個醒目及令人印象深刻的商標，可以有助於初創企業在進入市場時吸引消費者目光，提升市場競爭力。

其次，擁有商標可以更好地建立企業形象，從而支持企業建立更高的定價或者搶佔某一價位的市場，例如知名的蘋果公司商標，在消費者眼中成功建立高科技優質產品的形象後，其商標就變成了高端科技產品的代名詞，任何帶有蘋果公司商標的產品價格相較於市面上其他同類產品都不便宜，而出於對品牌的信任和忠誠，消費者也樂於接受。所以，可以如此看待企業品牌和消費者之間的關係：企業若能維持良好的品控或服務品質，消費者往往會在使用產品得到的積極反饋後，而記住該企業的商標或品牌，如果長期重複這個過程，那麼最後該企業就會在市場上獲得

許多忠實的消費者。另外，品牌也能有助企業在產品宣傳中，迅速直接地給消費者留下印象，而品牌經過長期以往的宣傳，提高知名度後，就會產生品牌效應——消費者就算先前從未嘗試過該品牌的產品，也會基於品牌知名度給予信賴而產生購買欲望。說到底，持有商標或者品牌所帶來的品牌效應，對於在市場上，培養忠實消費者，以及吸引潛在客戶群體，具有舉足輕重的作用。

Connect+

連繫

初創生態圈

畢馬威國際資產管理及房地產業全球主席
韋安祖（Andrew WEIR）

爽資本行政總裁
吳家興

香港科技園公司行政總裁
黃克強

香港科技大學協理副校長（知識轉移）
金信哲

東亞銀行聯席行政總裁
李民橋

阿里巴巴香港創業者基金執行董事兼行政總裁
周駱美琪

戈壁大灣區管理合夥人
唐啟波

中銀人壽執行總裁
鄧子平

中倫律師事務所香港分所管理合夥人
徐建輝

C資本總裁兼首席執行官
鄭彥斌

鄭彥斌

C 資本總裁兼首席執行官

投資過手機殼名牌 Casetify、「極速時裝」品牌 Shein，近年投資包括有 Nothing Phone 的全球資產管理機構 C 資本（C Capital）。「鄭彥斌」與「C 資本」的名字屢屢出現於報章的財經版上，並且與「集資」、「融資」等財經術語及「初創」、「區塊鏈」等科技字眼緊密相連。

　　鄭彥斌大學時攻讀金融學系，畢業後曾在投資銀行工作，他形容自己身份的轉變是從看公司的財政狀況是否值得投資，讓對沖基金賣 IPO，變為今天自己就是投資方，要決定是否投資，他認為：「以前的訓練對現時工作大有幫助，現在發覺在考慮是否投資一家企業時，除了留意財務表現，還要看人、看商業模式，其實有很多東西要注意！」

香港的樞紐地位

　　C 資本成立之初，投資了幾個新興行業，例如：蔚來汽車、小鵬汽車、小紅書等，這些企業都很成功，「過去六至七年，我們除了做 venture（創業投資），管理的資金規模也擴大了。我們在較早期投資了幾家 Web 3.0 的

公司，成績也不錯，因此成立了一個小小的對沖基金，專門做這方面的投資。」

C 資本以香港為基地，投資全球，其投資在中國內地的項目自然不少，「香港是個樞紐，我們投資時會看整個區域，我們公司在上海、北京、洛杉磯都有辦公室，同事經常在不同地區飛來飛去。而從投資的角度看，我們看的不是區域，而是行業，公司所投資的企業約有一半是經營消費品，另一半是高科技，我們不太在意區域。我們大多投資在亞洲的企業上，只要生意行得通，就會去投資，例如 Shein，它的產品在中國生產，而總部則設在新加坡，其最大的市場在美國和歐洲，所以很難界定它屬於什麼地區吧！」

在鄭彥斌眼中，香港企業家具有國際視野，是他們的優勢；但如果他們北上發展，也許就不及於內地長大的企業家。他特別提到 Lalamove，認為它是少數在中國大陸極其成功的香港企業例子，「在香港創業而在內地發展得成功的企業，要數 Lalamove 了，它很厲害，專攻二三線城市，現在的規模龐大，真的令人佩服。」

鄭彥斌認為初創企業必須具備國際視野。

Profitable（賺錢的）和
Sustainable（可持續發展）

為什麼 C 資本會專攻消費、科技和區塊鏈三大板塊？

「這可能是年月累積下來的經驗，團隊曾嘗試投資其他行業，但總結失敗及成功經驗，我們比較擅長的就是這幾個行業。另一方面，創投這工作不只是單純地等企業賺錢，初創在創業過程中會遇到很多問題，甚至會出現危機，需要我們的幫忙。」

至於投資高科技板塊，鄭彥斌認為這是國家支持的行業，前途一遍光明，「這是下一代必然會大熱的事業，作為投資機構，一定要投資芯片機械人等。」

雖然有不少成功例子，但鄭彥斌承認也遇過失敗的案例。他說企業營運得不好，最後要清盤也沒辦法，不過他也曾見證過一些企業雖受盡挫折，但靠着投資人的幫助而將企業轉型，最終起死回生。他強調投資人除了帶來金錢，也要運用手上的網絡和資源，幫助企業打開市場，「Casetify 賣手機外殼很成功，他不需要額外資金，我認識其創辦人四年，才說服到他讓我做一個小小投資

人，為什麼？因為他的公司在香港紮根，在歐、美、日、韓等地都發展得很好，但到了某個時間，該品牌想打入中國大陸市場，然而人生路不熟，他知道我們能幫助他，所以接受了我們的投資。他的手機外殼售價每個高達港幣 600 元一個，絕對是高價產品。我們公司熟悉奢侈品市場，明白他的市場定位，因此能夠幫到他。結果他獲得我們投資後有很好的成績，他進入內地第一年，新增的生意就佔了總生意額 10%！我們真的幫助到他增值。」

投資 Casetify 時，他們已有相當的規模，至於初創的例子呢？C 資本投資過一家初創企業 Agile Robots（思靈機械人），專長是研究機械臂。這公司的團隊曾在德國宇宙航空管理局工作，在機械人這行業打拼數十年了。鄭彥斌解說，新一代的機械人能做很精細的動作，如今初創機械人行業被稱為「工業 5.0」，也就是利用最先進的機械人，提高工廠的生產率，「我們投資的是 A輪，當時他們只有一個 prototype（試作機），但研究的教授很優秀，我們做完 scorecard（記分卡）就決定領投了，之後紅杉資本、高瓴集團（Hillhouse）兩個『大

哥』也跟投，我們竟然領投了，相當幸運！」他解釋，思靈機械人有兩個創始人，一個負責營運，一個負責營銷，在創立不久後，公司已得到富士康、小米的訂單，到現在 iPhone 生產時都用上了它的技術。「他們第一年的估值是 1.5 億美元，四五年過去，最新一輪軟銀集團也投資了，現在思靈機械人的估值超過 30 億美元了，回報非常好。」

鄭彥斌說，一家初創企業賺錢（profitable）是一回事，生意可持續（sustainable）才更重要，「我們喜歡既 profitable 又 sustainable 的公司，這樣才是生意。」他謙稱，投資成敗有幸運成分，而好的公司即使遇上經濟不景氣，只要商業模式佳，幾年之後還是會獲利的，「市場一定會回來的，是下年還是三年後回來，其實沒有所謂。」

徐建輝

中倫律師事務所
香港分所管理合夥人

無論是科網界初哥，抑或曠世天才，成立初創企業，由投資到簽署合約、分配股權，都必須面對一個又一個的法律問題。徐建輝律師曾在中國大陸、美國、香港工作，持有三地的律師資格，近 20 年來一直從事跨境法律服務，他參與的領域涉及跨境併購、貸款融資、外商對華直接投資、私募股權投資、合規監管等。徐律師曾在多家國際知名律師事務所工作及擔任合夥人法律顧問，也曾在美國聯邦法院協助資深法官兼前參議員反恐，並為科技及信息委員會首席顧問麥克勞森處理投資及商務案件。

　　2016 年，徐建輝加入中倫法律事務所，目前他在香港工作。除了科技初創企業，他也給生物製藥、新能源、電動車初創企業提供服務。

　　徐律師說，一般初創企業最常遇到的法律問題，一是股權分配，每個創始人佔比多少容易引來糾紛；二是融資的時機，太早融資股權容易被稀釋，太晚融資遇上經濟下滑，或業務已不再被看好，都會遇上很大困難；第三是資產權問題，也就是因為最初成立時，沒有好好做知識產權的專利保護，後來招致重大損失。

擁有最強技術但沒能取得商業成功

曾為許多不同的客戶提供法律服務，徐律師印象最深的有兩個：一是香港一位大學教授，他早年發明了一系列無線充電技術，可以讓手機等無線充電，「目前這個技術已司空見慣了，但他當年在這個領域可算是無線充電之父，他最早把技術產業化，生產出最安全的無線充電。他更是國際上最早為無線電充電提出標準化，提供又安全、效能又高的技術，但他的個案也是最可惜的。」

徐律師記得，該教授在香港發展這項技術時，香港在創科方面的環境和氛圍十分一般，不像矽谷那樣有那麼多風險投資公司能投資初創企業和技術，「這個發明並沒有得到太多的資金投入，結果只能賣給一家科技公司。購入該技術的公司，也沒能取得商業上較大的成功。回頭來看，可惜的是香港的市場比較小，對新科技有濃厚興趣和投入的投資機構、中介公司並不發達，即使初創企業有很好的技術，但卻沒有像預期一樣出現爆炸式的成長。」

找對的市場

徐律師印象最深的另一家初創企業，是專攻嬰兒食品的，「嬰兒食品的市場十分飽和，世界巨頭例如雀巢、Johnson & Johnson 和很多奶粉、嬰兒食品公司都已佔據了市場。」這家公司的創辦人是一對夫妻，二人婚後為了寶寶健康，選用綠色無公害的材料做成水果泥、蔬菜泥給寶寶，後來他們把這些食物包裝好後推出市場販賣，反應相當不錯，「這家公司的產品得到歐盟綠色認證，不論在內地、香港或東南亞都愈做愈好，網上銷售也十分方便。它能在國際巨頭都進入的激烈市場裏成長，而且成長得快。這家企業是小公司，產品更新得很快，一直不斷推出新產品。而且產品廣告都是由創辦人夫婦自己去拍，充分利用了自己的優勢。」徐律師舉這兩個例子，是因為它們一家充分利用了自己的資源，找對了市場；另一個縱使手上有最好的技術，但因為配套等問題，沒有發展得很理想。

替這麼多初創企業提供服務，徐律師說，初創企業前來找他諮詢，通常有兩個階段，一是剛成立時，律師會替初創企業設計股權結構；另一階段就是當企業考慮上

徐建輝建議初創企業可運用網上資源設立不同合約。

市，律師會替企業定好各項細節，例如公司上市之後，配偶分多少，又留多少給兒女。

見證過這麼多初創企業的成敗，徐律師會給年輕創業者什麼建議？「一、現在有很多網站，像美國的 National Venture Capital Association，上面除了很多有用文章外，還有很多合約樣本（contract template）都寫得都非常好，如購股協議（stock purchase agreement）和投資者權益協議（investors' rights agreement）等，上面還列出企業要注意什麼，這些都是一些公共資源，讓初創企業使用。二、我建議初創企業多參加香港科學園等機構的活動，他們的活動非常多，並且會花資源給初創企業請導師，讓初創企業與同行聚一聚，非常有用，而參加行業協會也特別重要。」

善用公共資源

最後，徐律師憑着經驗和見識對初創企業有一些提醒：「現在跟二三十年前不一樣，有很多的公共資源可以利用，不一定要花很多錢請專業人士，企業可充分利用這些免費資源，省一些錢，也可避免跌入法律陷阱，

ChatGPT 等也對初創企業有很大幫助。此外，在華人圈子裏，我建議企業還是「先小人後君子」，有些企業與朋友開公司，認為沒必要談錢及談股權比例、分紅等，待日後企業有成績再考慮，然而這樣會留下很多隱患。到有一天企業規模擴大了，股權比例是怎樣的？怎麼分紅？一旦出現分歧便可能對簿公堂。西方人的處理方式則不同，他們一般會在創業第一天就弄得清清楚楚，然後把協議寫好，第一天就吵架，一次吵完，解決所有問題，總比之後吵一百次架好！」

鄧子平

中銀人壽執行總裁

在困難中尋找祝福

　　訪問中銀人壽執行總裁鄧子平（Wilson）之前，好像感覺他跟初創扯不上關係，但原來十多年前，他已在西班牙見過能夠顛覆保險業的科技初創，並對其留下深刻印象，他認為香港保險業也應探索與初創合作的機會，以科技提升行業水平。雖然目前仍未出現初創與保險業配搭的獨角獸例子，但從過去將資產配置到創投基金的經驗，令他看到初創要成功與業界配對，最重要的是發現行業痛點：「有時要在苦難之中，才能捉緊幸福，坦白說，我們的行業所面對的問題愈多，初創就愈有發展機會，由解決痛點出發，定能找到商機。」

　　自小喜愛數學的 Wilson，曾覺得所學的數學知識很難應用於現實生活。「讀大學時因為上述理由而選修了精算，覺得那是日後在工作中最能應用到數學的科目，畢業後便順理成章加入了保險行業，既能滿足對算術的喜好，又覺得保險是最人性化的金融產品，理賠的金額能幫助有需要的人，為他們解決不同的保障和理財需要，覺得很有意思，因此就一直留在這個行業。」

他坦言，保險業每日都有保費收入，因此不用擔心資金的流動性，要關注的是如何令資金增值以應付營運需要，當中涉及的是風險管理和防控。

「大部分資產都配置在固定收益（fixed income）項目，如高評級債券，餘下的就投入高增值資產（growth asset），爭取較佳回報；也會考慮股票及私募股權（private equity）等另類投資。近年創科發展蓬勃，亦會留意有潛力的初創項目。」

推動保險數碼化

雖然並非直接投資到初創，而是借助創投基金的項目，但 Wilson 說這個過程也能發掘商機：「中銀人壽投資了不少新能源公司，有做氫能的，也有其他的潔淨能源，全世界都在推動碳達峰及碳中和，因此 ESG 變得有商業價值，如果每個國家都在用柴油車，就沒人會留意新能源，因為投資始終要看回報。」

對科技有感的 Wilson，一直希望創科有朝一日能廣泛惠及保險業：「保險是最早應用大數據的行業，保費本來就靠經驗數據來計算，在不同風險因素中尋找相互的

中銀人壽與世界綠色組織（WGO）合作，推出亞洲首個「ESG 初創企業加速器計劃」，並成為該計劃的策略夥伴。

關係。所以保險業全面數碼化是遲早的事，但大型保險企業的架構複雜，要自家開發數碼化方案，起碼要花上多年時間，如果初創有現成技術，可即時採用，相信更具成本效益。」

在推動 ESG 方面，中銀人壽與世界綠色組織（WGO）合作，推出亞洲首個「ESG 初創企業加速器計劃」，並成為該計劃的策略夥伴。Wilson 說保險業可以仿傚這個計劃的模式：「初創欠缺的是平台和應用場景，企業可為其提供合適的應用場景及意見，再驗證他們的構思概念（proof of concept），加速器作為橋樑，幫助初創將技術應用到實質業務，企業又有解決痛點的方案，達到雙贏！香港有很多優秀的初創，而本地傳媒在國際間有很高的公信力，我個人認為要好好利用香港作為國際城市的優勢，經常透過媒體報道本地初創的發展，將它們宣揚到海外去，吸引世界各地的初創企業來港創業，這對於整個生態圈發展有積極的作用。」

唐啟波

戈壁大灣區管理合夥人

發掘獨角獸要觀人於微

要數香港最獨具慧眼的創投基金，不得不提戈壁大灣區（Gobi Partners GBA），香港十多間獨角獸（泛指估值超過 10 億美元的企業）初創企業，他們投了八間，當中包括 GoGoX、Animoca Brands、Prenetics、OneDegree、WeLab 等，成績驕人，作為該公司的管理合夥人唐啟波（Chibo）功不可沒。

三歲隨父母移民美國波士頓的 Chibo，大學考上哈佛大學，修讀應用數學；畢業後回上海發展，「做了兩年管理諮詢，感覺要學的都學會了，機緣巧合下認識了戈壁創始人曹嘉泰（Thomas），那時完全不知道創投是什麼一回事，只是覺得做管理諮詢距離真實商務太遠，而 Thomas 卻說創投是手把手跟創業者由零開始去闖，與商業市場貼得最近的，我聽後覺得不錯，於是在 2009 年開始踏足創投世界。」

從失敗中汲取教訓

結果 Chibo 一做就 15 年，有趣的是，讀數學出身的他反而很少用數字去衡量一間公司是否值得投資，背

戈壁大灣區投資了多間成績驕人的初創企業，
Chibo 更與不少創辦人成為朋友。

後原因來自一次投資失利。「2015 年，內地掀起共享單車熱潮，但每次騎行只收到幾分錢人民幣，利潤實在太少，起初我們對此沒有興趣。2017 年，香港初創企業 Gobee.bike 經營此業務，收費是每半小時 5 港元，運作了一年多就開始賺錢。他們深知香港市場太小，於是決定進軍歐洲，我覺得這是一條出路，於是投資他們。」

萬料不到幾萬台單車送抵法國及意大利後，竟被當地人逐架拆毀，網上甚至有影片教人如何拆解單車，任憑 Chibo 與團隊計算了競爭者、成本控制等商業因素，卻完全預料不到以上情況。「我時常形容創投是以人為本的行業，創辦人面對新問題時，是否有足夠能力去應付，很明顯 Gobee.bike 創辦人不夠了解當地客戶及文化，最終還是回到人的問題，做創投最重要是懂得觀察人。」

與創業者成為朋友

2016 年，戈壁大灣區開始成為阿里巴巴創業者基金（AEF）及大灣區創業基金的管理者，翌年 Chibo 開始長駐香港，他笑稱 2024 年剛好拿到永久居民身份。「身邊朋友不明白為何我要來香港，因為當時內地的初

創環境很火熱，那時的香港相對上創業氛圍沒那麼熱哄哄。我卻不是這樣想，香港畢竟是一個國際城市，擁有區內最好的大學，創科方面的前景十分明朗。跟 AEF 一拍即合的原因，是他們的初心是想支持本地初創企業，給年輕人的夢想一條出路，我們也很同意，你看我們投資了 GoGoX，他們創辦人的故事就很有啟發性，只要年輕有夢想，在這片土地就有可能有所發揮。我一直很喜歡自己的工作，因為我可以去認識社會上最有意思的一群人，每個人都在努力用科技方式解決某個問題，改變世界，而我的工作是給他們指引及資金，陪他們走一段路，成為他們的朋友。」

周駱美琪

阿里巴巴香港創業者基金
執行董事兼行政總裁

2015 年，阿里巴巴創業者基金在香港成立，總資金高達十億，基金以香港作為種子基地，孵化 A 輪或以上融資階段的初創企業。從 2007 年就加入阿里巴巴的周駱美琪（Cindy），2015 年擔任基金執行董事，「為什麼我會自薦做這個職位呢？作為一個土生土長的香港人，我很希望可以為香港做些事。2015 年，阿里巴巴宣佈成立這個基金時，社會運動剛剛結束，馬雲先生希望藉着這個基金，為香港年輕人帶來新希望，給他們不同的出路。」

投資約70家初創企業

阿里巴巴創業者基金於 2015 年 11 月 19 日創立，而香港創科局則在 11 月 20 日成立，二者只差一天，「當時創科或初創這些概念都是很新穎的，大家都不知道怎麼做，而我曾在不同的初創企業工作過，例如 1996 年時在內地的電訊項目工作過，又在 2000 年加入過一間科網公司。」基金迄今已成立九年，Cindy 形容為摸着石頭過河，有成功的，但她也承認有些項目做得不夠好，「有些調整，有些沒有繼續，總之不斷做下去。」

Cindy 加入阿里巴巴香港創業者基金，
積極培育初創企業。

由基金成立到今天，共投資了約 70 家初創企業，包括各種類型的業務，例如消費及電商、金融及科技類，最新的是高科技，例如人工智能、企業解決方案或生物科技。基金有 60% 以上的投資都是 Pre-A 或 A 輪的。「2015 年基金創立時，還沒有科學園和數碼港的投資項目，當時我們看到早期的初創企業有很大的需求，他們需要資金推出產品，或去證明產品的概念是可行的。一旦是可行的，我們便會再做 A 輪、B 輪投資。」

　　阿里巴巴創業者基金之下主要有兩個基金，一是 AEF 香港創業基金，還有 AEF 大灣區創業基金，「第一個基金針對較早階段的初創企業，當他們需要 B 輪、C 輪投資繼續支持時，AEF 大灣區創業基金便可支援他們，讓他們繼續壯大。其實初創企業一般很難在 B 輪、C 輪階段融資，近日經濟不景氣，融資也就更難了。即使經濟好，要由 A 輪到 B 輪，其實中間有一個很大的 funding gap（資金缺口）。集團投放了十億在這基金，說多不多，說少也不少，我們也需要外面的資金，借力打力，支持香港的初創。」

多方面發展

　　基金與各大學院校關係密切,「香港的創業者很多來自大學,對我們來說,大學生很重要,對香港發展也重要。我們發現,大學有很多創業中心 (entrepreneurial center),裏面有很多資源,然而當學生有一個想法,想得到業界的回應,學校幫助他們商業化卻有一些限制。」這個時候,基金或一些商業機構介入便更適合。

　　基金現在每個月會花半天接觸新的初創企業,提供顧問服務,每一個團隊面談 15 至 20 分鐘。見面時,初創企業須 pitch (推銷) 自己公司的點子,基金會給予意見。為了讓更多人有機會接觸初創,由 2017 年開始,基金每年舉辦 JUMPSTARTER 環球創業比賽,讓初創企業參加,「做完第一年 JUMPSTARTER 比賽時,即使是銀行業的朋友也未必知道香港有這些基金,因為香港沒有 VC (venture capital,創業投資) 這個行業,即使有也不普及。我們覺得創科或者創業不應該只在科學園和數碼港發展,應該是整個社區一起去支持。我們希望能帶動更多企業支持,於是很努力找了很多贊助商支持 JUMPSTARTER 比賽。」

阿里巴巴香港創業者基金自 2017 年開始
舉辦 JUMPSTARTER 環球創業比賽，
成功吸引大眾注意初創企業。

2018 年，基金和商湯科技攜手成立 HKAI Lab，並設立為期 12 個月的「加速初創企業發展計劃」，專門協助初創企業將發明的人工智能和技術商業化，至今孵化了超過 100 間初創企業，2022 年 HKAI Lab 更獲亞洲企業孵化協會（Asian Association of Business Incubation）頒發的年度最佳育成中心的獎項。

收支平衡的藝術

Cindy 是會計師出身，習慣審視公司財務，形容自己比較保守。前幾年社會開始重視初創及科網，但很多投資人選擇初創企業時都不重視公司何時能獲得盈利。「當時沒有人會理會盈利，大家都認為要先滲透市場！我經常挑戰他們，說不可能不斷地融資。幾年前沒有投資人理會我的建議，但現在每個人第一句就問：『你什麼時候賺錢？什麼時候收支平衡？怎樣做到收支平衡？』市場在改變，大家都更加實在，這其實是好的現象。我相信一個成功的初創企業，必須是一個很好的執行者，這勝於他只有好的想法。我不相信這個世界上有一些想法是沒有人可以複製的，最後企業成不成功，就要看執行者的能力。」

李民橋

東亞銀行聯席行政總裁

「我們的理念很簡單，就是 win-win-win。」東亞銀行聯席行政總裁李民橋說：「我們希望這個平台能夠給予初創企業一個銀行業務的試驗場景，而初創企業則為我們提供前瞻性的解決方案。」他口中的平台，正是東亞銀行在 2022 年成立的金融科技創新中心暨初創企業合作平台 BEAST，其創立目的是促進銀行與初創企業及業界夥伴之間的創新和協作，推動銀行在數碼化轉型和金融科技的發展和應用，並為金融科技生態圈的發展注入更多資源，令東亞、初創企業和金融科技生態圈三方共贏。

　　「BEAST 其實是 BEA（東亞銀行）+ST（startups 初創企業）的意思。香港金融管理局在 2021 年開展了『金融科技 2025』策略（Fintech 2025），鼓勵銀行在業務運作流程中全方位應用金融科技，提供方便和高效的金融服務，因此我們積極地與不同類型的初創企業、科技巨企和業界夥伴合作。」傳統銀行與初創企業合作會產生甚麼「火花」？「作為傳統銀行，我們的業務涉及不同類型的產品和服務，但初創企業則專注鑽研某個範

BEAST 在香港金融科技周 2023 年期間與 The World Savings and Retail Banking Institute and The European Savings and Retail Banking Group (WSBI-ESBG) 合辦 Study Visit，接待國際代表團參觀，講解大數據、人工智能及 Web3 等最新科技的應用，及香港金融科技的發展。

圍，我們希望透過建立這個平台促進彼此合作，發揮最大的協同效應。」

共贏、共同創建、共享空間

BEAST 成立時定下了三個目標：共贏、共同創建、共享空間，「我們常強調 win-win 和 co-create。初創企業勇於開發嶄新技術，但卻欠缺真實的應用案例，而 BEAST 就是一個實現意念的平台。」傳統銀行擁有充足資源以及對市場的深入理解，可以為初創企業提供平台，讓他們的創新意念在合規的場景下得以發揮。初創企業雖然缺乏對銀行服務的知識和用家資訊，但相對靈活性較高、走得更快更前。兩者互相合作，共同創建和試驗解決方案，達至共贏。

初創企業需要面對租借辦公室等營運問題，他們有些在成立之初選擇在科學園、數碼港這些初創社群夥伴租用位置。然而這些地點離市中心較遠，亦要付上租金。BEAST 位處觀塘東亞銀行中心 26 樓，為合作的初創企業免費提供工作空間。李民橋稱辦公室的設備實而不華，面積雖然不算很大，但地理位置方便，能吸

位於觀塘東亞銀行中心的金融科技創新中心暨初創企業合作平台 **BEA**ST 代表「東亞銀行（BEA）+ 初創企業（Startups）」的互動協作。

引各方人馬前來，匯聚人才，「該樓層是本行的顯卓理財中心，日常有客戶出入使用銀行服務。同時，它又接通東亞銀行其他辦公樓層，不同部門的同事能隨時來到 BEAST 與初創企業討論協作，我們亦可即時提供資源和支援，這就是我們靈活的合作模式。」

另外，BEAST 為每個概念認證（Proof-of-Concept, PoC）項目提供最多港幣 30 萬元的資金支持，這對初創企業有一定幫助，「部分初創企業在籌集資金方面往往遇到一定困難，這筆錢正好幫補日常開支，例如支付員工薪金，協助他們減輕營運壓力。」

BEAST 為初創企業及科技企業擔當整合的角色，在短短兩年間，BEAST 已跟 66 家初創企業和科技公司合作，共同開發超過 100 個金融科技項目，其中包括 30 個概念驗證項目。至今，BEAST 這個平台受到業界的肯定和支持，獲得 12 個本地及國際獎項，當中 4 個特別表揚 BEAST 為推動金融科技的貢獻。

BEAST 自成立以來取得多個本地及國際獎項，表揚平台的貢獻及創新項目，當中包括 2023 年 BAI 全球創新大獎的 Innovation in Fintech Collaboration 獎項、IFTA 金融科技創新大獎 2022/2023 年度團隊卓越獎等。

概念驗證及產品原型

傳統銀行聆聽客人需要，尋找解決方案，但李民橋認為現今的銀行要主動向前走多一步。該行的金融科技發展部同事向銀行不同部門了解及收集運作上的痛點（pain points），然後透過科學園及數碼港等企業培育平台，聯絡初創企業，邀請他們針對這些痛點提交建議書，從中挑選有潛力的初創一起進行概念驗證及設計產品原型（prototype），在進一步評估後決定是否正式應用於銀行。

東亞銀行亦不定期在 BEAST 舉行方案展示日（Solution Demo Day），讓銀行不同部門與初創企業互相認識及配對。其中一次活動主題是 Lendingtech，當日邀請了數家相關的金融科技公司展示貸款科技，並與該行同事直接交流討論。BEAST 凝聚了一群促進金融科技生態圈發展的夥伴，有些公司即使暫時與東亞銀行未有商業往來，但仍然積極支持 BEAST 舉辦的活動，因為他們從中可以結識不同類型的公司，了解市場發展和銀行業務所需。

（左起）東亞銀行聯席行政總裁李民橋先生、香港金融管理局助理總裁（金融基建）鮑克運先生及東亞銀行副行政總裁兼營運總監唐漢城先生參與 **BEA**ST Open Day，支持銀行推動與初創企業及業界夥伴的創新和協作。

BEAST 於方案展示日邀請東亞銀行同事與初創企業代表到場，一同討論方案內容及實際應用場景，並探討進行概念驗證的可行性。

未來，東亞銀行希望可以透過 BEAST 應用 Web3 有關科技，包括人工智能及區塊鏈，例如利用區塊鏈中的智能合約（smart contract）制訂協議、提供驗證，並自動執行智能合約內所訂定的條件。應用例子包括與初創企業合作前需要簽署的文件，以至下放資金，都交由智能合約處理，過程公開透明而且不會被篡改。

　　李民橋寄語初創人，企業家往往要習慣獨處，經常要思考怎樣解決問題，「世界各地鼓勵初創發展，擁抱創業精神和文化，但作為公司老闆，你必須實實在在去思考一個行業的核心，想做到甚麼、想解決甚麼問題。緊記自己的初心，既要務實，又要『臉皮厚』；願意改變自己的技術和心態，結識更多人，學更多知識！」

金信哲

香港科技大學
協理副校長（知識轉移）

學院，是一個傳授知識和讓夢想成形及孵化的地方；但來到 21 世紀這個數據年代，「日新月異」已不足以形容世界變化之快，當商業、投資、潮流都在以「迅雷不及掩耳」的速度改變，比起理論，商場上的實戰經驗來得更重要。到底現在學院除了提供知識之外，還擔當怎樣的角色？相信金信哲博士就是這議題上的一個好的例子及榜樣。

初創界的萬能俠

　　以「萬能俠」形容香港科技大學協理副校長（知識轉移）金信哲博士（Shin Cheul Kim, PhD, RTTP），是因為金博士是罕有地擁有豐富的創造、創業及孵化經驗的創新領導者。在加入科大的技術轉移中心之前，他曾在香港大學技術轉移處及科大科橋有限公司分別擔任總監及執行董事，同時亦為 iDendron（位於港大校內的初創孵化器）的創始人，並在該校知識交流辦公室任職協理總監。在經濟、科技與教育等不同範疇上，香港跟新加坡經常被人比較，恰巧金博士曾在兩地工作過一段長時間，在新加坡約 14 年的工作經驗中，他曾在新

科大於 2024 年 5 月 23 日舉辦「獨角獸日」
(Unicorn Day)，展示科大學生創業成果。

加坡科技研究局轄下的科技拓展私人有限公司任職高級副總裁，成功把逾 300 個技術組合商業化，並培育多家初創企業；此外，由韓國的 NESS Display Co. Ltd 開始，金博士隨後在 NESS Display Singapore Pte. Ltd 擔任執行董事，成功獲得超過一億美金投資，他研發出用線性蒸鍍系統運行的有機發光二極體顯示器，並將之商業化，成為全球首例。

超過一億元的一堂課

從專注於研發，到建立一家擁有數百名員工的 OLED 公司的初創企業，再到企業失敗，為新加坡政府機構從事技術商業化和投資工作，及至現在於香港科技大學孵化初創企業，金博士的人生比過山車更刺激。不論面對順境逆境、不論做初創還是其他範疇，金博士都相信每人都應有 entrepreneur spirit（企業家精神），即相信任何事都總會找到方法解決，抱着積極主動解決問題的態度，而這個理念在大家面對 AI 及未來時尤其重要，「有了 AI 之後，有什麼工種是『安全』的？醫生？律師？我不認為，因為整個世界將朝着自動化發

金信哲認為初創企業應享受過程，不要害怕失敗。

展。因此，人類有兩個特質尤其重要 —— 批判性思考及企業家精神，這是一種堅持解決問題的態度，年輕人特別需要學習這個態度。」回想面臨公司倒閉的一刻，金博士沒有逃避，在沒有薪金的情況下，他仍然選擇留守，並為一班貢獻良多的工程師撰寫一封又一封的推薦信，希望幫到他們加入較出名的公司如 Samsung、LG 等。「如果要說創業人士要有的特質，就是要靈活、懂變通，善於溝通之餘，更要專注；很多人說絕不要放棄，我卻認為在適當的時機就要懂得放手。創業人士要有目標，也要懂得為團隊建立一個共同進發、一同堅持的目標，但同時要保持敏捷。創業是個讓人享受的過程，但不要害怕失敗，大家看看我就知道了，我在人生上過最珍貴的一堂課，就是花了一億元買失敗，但正是這個經驗才成就了今天的我。大家要記得，即使面對錯失，但總會有得着。即管去試吧，why not？」

金錢 vs 使命感

以金博士的背景、資歷與創意，大可以繼續在創科投資界大展拳腳，為什麼卻投身大學這一板塊？「大家要珍

惜身邊的知識轉移人才，他們之中有不少會選擇創投工作吧？畢竟可以賺到很多財富。我跟他們一樣，都對影響力『上了癮』，我相信我的工作對年輕一輩或其他對初創有興趣的人的影響力是沒法估量的，這些都讓金錢變得不再重要。知識轉移人才這個崗位很需要經驗，要懂得每個計劃中的 disruptive potential，懂得保障初創的專利及發明，懂得引入 CEO 或行業內可合作的夥伴。能夠對大學生與初創企業創始人產生深遠影響，是非常吸引及有意義的，讓我有使命感和成就感。因此，我致力於在學院從事創新和創業發展方面的工作。」在香港，經常都會聽到這個地方欠缺人才，但金博士相信這是一個雞和雞蛋的問題，「只要有好的大學，有好的技術，有更多成功的故事，自然就吸引到更多人才，一同去創造更多故事。」金博士深信 community（社群）是初創路上不可或缺的一部分，不論是科大內的研究及創新領域人才，或是 HKUST Founder's Club 都需要互相幫助，因為初創從來都並不是一個人的旅程，只有共同進退，成功的機會才會更大。

黃克強

香港科技園公司行政總裁

不是要成為「中國的矽谷」

2016 年，黃克強（Albert）正式加入香港科技園公司，隨後出任行政總裁，至今已近八年，這些年來，「科技園公司」這個名字在香港、大灣區，以至世界各地都成為了一個獨特的品牌。Albert 回想當初進駐公司時，科學園園區的佔用率只有大概六成多，現在則超過九成；園區亦吸引了來自不同國家的年輕人才。Albert 提到，2024 年 1 月，他去了一趟美國的知名大學找實習生，參加實習的人數有按年上升的趨勢，例如在 2023 年，史丹福大學有 6 位實習生選擇了科技園公司，2024 年就至少有 10 位，今年還有很多歐美大學的實習生，包括芝加哥大學、倫敦大學、劍橋大學等。Albert 不時被問到科技園公司的定位，他表示「有人問我們是否要成為中國的矽谷（Silicon Valley），我認為不應這樣形容。香港就是香港，我們有自己的特色，其他地方沒有我們的優點，我們亦沒有人家的特點，因此我們更應將資源投放到這些特別的地方。」

面對創科在香港的發展，Albert 自己的態度也由「不要開玩笑啦，香港怎麼可能做科技？」變成「既然香

港有好的基礎，就不如試試吧。」前者是獵頭公司在 2013 年首次跟 Albert 提到有科技園公司這個機會，而後者則是他在 2016 年加入公司之前的想法。這個態度上的轉變，跟 Albert 的背景有莫大關係，「我一直覺得科技好重要，當年大學修讀電機工程學，後來我的工作包括管理、收購與合併，全都跟科技有關，我認為科技正在顛覆全世界，因此必須大力發展科技，香港不能落後，因此，即使香港沒有太好的條件，我認為大家也要想盡辦法去做，更何況香港是有條件、有機會的，我們就更應該努力。」科技園公司的成果，大家都有目共睹的，其中一個成就是「現在大家都想加入科技園公司，因為只要卡片上印上科學園的地址，已代表這是一家 R&D（研究開發）公司。這些成果都是經過努力經營才做到的，過去有報道說科學園是鬼城，租金昂貴；後來我們積極革新，與一些未能達標的公司解除租約，因為我們堅持只吸納至少有 50% 在做 R&D 的公司入園。」經過多年奮鬥，終於打響了科技園公司這個品牌的名堂。

Albert 加入科技園公司後，
積極推動香港的創科發展。

馬拉松 vs 初創

　　科技園公司能有出色的成績，來自 Albert 在香港的成長盡力，以至他對於這個城市的了解，「香港的創科生態圈要有七個條件，當中的市場、資金、人才、科研機構、基礎設施及政府政策，這六項是齊備的，但卻欠缺了文化。在我讀書的年代，成績好的會去讀醫科、讀法律，還有讀工程；但現在大家可能覺得做金融、地產才容易飛黃騰達，我認為香港那段時間最缺乏的是一個文化認知，就是要相信科技是有前途的。雖然不相信科技發展的人在近年開始減少，但還未能形成重大的 culture shift（文化轉型）。」

　　即使對工程及科技有興趣而去修讀相關科目的年輕人才增加了，但這不代表他們一定會成功，「那些『兩年沒有出過糧』的辦創科例子確實存在，讀書時的理想和現實之間的挑戰是沒有所謂的平衡，現實一定是最重要的。我建議初創企業必須意志堅定，即使沒有人相信自己的理念，仍要堅持下去，但同時又要聆聽別人幫助自己的意見，必須做到這幾點，才可認真考慮成立初創企業。」

科技園公司舉辦的「電梯募投比賽」(EPiC)，吸引眾多初創企業參加。

熱愛跑馬拉松的 Albert 經常被問到初創是否跟馬拉松很相似，他就斬釘截鐵地表示「絕對不要這樣比較。馬拉松有終點，所以相對容易很多，至於初創，大家永遠不會知道哪裏是終點，初創企業要懂得變通，適時改變方向，若時勢出現變化，產品也要相應地改變。我認為兩者同樣需要堅持，不只是『try my best』，這是不足夠的，一定要『give it all』，感覺就如跑馬拉松的最後十公里，汽車的油缸已經沒油了，但還要開十公里，若然只是出盡全力，用盡氣力便會停下來；相反，只有『瞓身』，要獻出所有，這樣才有機會成功。」Albert 曾在國際大企業工作過，看過很多人的故事，在管理方面亦有豐富經驗，所以他給予初創挑戰者的經驗都是實事求是的，單靠「發夢」是不行的，夢想和麵包同樣重要。

吳家興

爽資本行政總裁

Open AI 大熱，即使不諳科技的人，也不會對人工智能（AI）陌生。爽資本行政總裁吳家興（Eric）一早洞悉先機，1988 年在倫敦大學已開始研究 AI，及後因緣際會來到創投基金工作，由科技人到投資科技，他提醒初創企業，企業文化／使命和現金流最重要，「燒錢快賺錢難，很多創投都會催迫初創企業衝數字，要他們不停擴張以爭取下一輪融資，在經濟向好時，要達到目標，問題不大，但如遇上早幾年的疫情就出事了，緊記千萬別燒掉全部現金，否則很快完蛋！」

將AI應用到醫療及廣告

主修電腦的 Eric，早已決定要將 AI 應用於醫療上。「我畢業後去了倫敦大學學院（University College London）工作，專注歐盟醫療 AI 的研究，後來去了曼徹斯特都會大學（Manchester Metropolitan University）教書，突然傳來父親在香港診斷為末期大腸癌，不久癌症便帶走了他，從發現到去世只是短短幾個月，我才發現癌症檢測並不發達，有時病人進手術室開刀後才知道癌症有多嚴重、擴散到哪裏，於是我開始

埋首研究是否能用科技協助。」後來，Eric 乾脆將研究成果拿來創業，與美國和英國的癌症專家合作，用 AI 寫了一個系統幫助醫護迅速知道各類癌症所需的相應測試，決策治療時可以更快更準確。結果被美國醫療保險機構看中，應用在癌症和糖尿病診斷和治療。」

時機成熟，Eric 決定將公司賣給美國一家大型醫療機構，完成了首次創業之旅。「後來我轉到美國的凱捷（Capgemini）打工，幫企業進行數碼轉型，那幾年過得相當充實，接觸到很多新事物，就像短時間學了兩年 MBA 課程的所有東西。直到 2000 年科網股熱潮，美國陸續有科企上市，但卻苦無機會參與，聽說香港科企同樣火熱，心想不如回來試試。我看內地有很多媒體，但廣告商不懂得怎樣下廣告，於是用 AI 建立引擎去計算廣告觸及率，這成為我第二次創業的契機。」

他與拍檔創辦的公司 Agenda 迅速成為亞太區最大的數碼廣告公司，主要客戶有強生（Johnson & Johnson）、迪士尼（Disney）、百事（PepsiCo）、瑪氏食品（Mars）等。2008 年，公司被全球最大廣告傳播集團 WPP 收購，Eric 又再尋找另一個機會。「李錦記健

Eric 與拍檔合資創辦公司 Agenda，發展迅速。

康產品集團想聘請我，剛巧電視在播劇集《溏心風暴》，我以為家族企業會很麻煩，最初沒有興趣加入。深入了解後，知道他們很不一樣，「思利及人」的企業文化根深蒂固，就是做事情要令大家都共贏，大家都開心都爽。」

令人快樂的創投

　　加入李錦記健康產品集團後，Eric 從企業文化的「永遠創業」角度出發，開展了創投基金的業務，用創投的力量去讓全世界更快樂更爽。Eric 認為首先要多了解「快樂」，於是李錦記家族決定捐錢到哈佛大學，設立哈佛李錦裳健康與快樂研究中心，研究什麼令人快樂，怎樣去量度快樂，怎樣令國家和公司讓人民和員工快樂，等等。基於哈佛李錦裳健康與快樂研究中心的研究結果和創投市場趨勢，爽資本就去投資那些令人快樂的初創公司，利用研究的結果，跟國際專家們創造了一套量度到底爽資本的投資創造了多少快樂的方法，叫「爽回報」(Happiness Return)，已經實踐了好幾年，不久前也被 *Stanford Social Innovation Review* 刊登了關於「爽回報」的文章。簡單而言，就是看每個投資項目中，創新帶來

爽資本在投資時，有一個獨特指標，就是會衡量所
有持份者是否快樂。

的好處及壞處，當中運用十多個指標衡量所有持份者是否快樂，正面的話，爽資本就會去投資，每年重新檢視，看看是否走對了路，這就是爽資本時常強調的影響力投資（impact investing）。

打開爽資本的投資清單，有清理太空垃圾的 ClearSpace、以海草作為包裝物料的 Searo、用細菌及微生物製成人造皮革的 Gozen 等，全都是在財務及快樂均有回報的企業。問到 Eric 有什麼公司一定不投，「舉一個例子，美國有一間標榜幫助窮人的初創企業，他們會預先支薪給低下階層解決財務危機，但細閱條款便發現它會收取年息超高的手續費，說穿了，就是高利貸，當時不少創投都有投資他們，我們卻覺得這企業與爽資本理念不符。如果企業的使命是令人學懂怎樣正確管理自己的財務，避免過度借貸，重新回到財務健康，我們就會很支持。」

韋安祖

Andrew WEIR

畢馬威國際資產管理及
房地產業全球主席

學懂擁抱挫折是成功的關鍵要素

與畢馬威國際資產管理及房地產業全球主席韋安祖（Andrew）對話時，他七成時間都在盛讚香港這個地方，他認為香港擁有最好的生態圈，初創如要在香港茁壯成長，絕對不是難事。不過讚美之外，Andrew 說「中西文化存在差異，以香港為例，有些香港人自小就被灌輸成功的必要性，令大家想避過失敗，但其實挫折並不可怕，這都是讓我們加快成長的動力！放眼全球所有成功的企業家，他們都是在失敗中不斷嘗試，最後才能突圍而出，如何改變根深柢固的文化觀念，是香港成功孕育初創的關鍵。」

在蘇格蘭長大的 Andrew，完成會計師專業訓練後，前往倫敦工作，本來以為倫敦已是全球最繁忙的城市，「誰知我於 1991 年來到香港工作，才知道倫敦只及香港的十分之一！我在香港生活一年，感覺上已是倫敦的三年，猶如坐上過山車，最初不太喜歡這個地方，但漸漸理解箇中運作及潛藏於這裏的機遇，慢慢愛上了香港。」

全世界最利創業的地方

沒想過一待就在香港過了三十多年，Andrew 說香港機遇處處，「香港與倫敦最大的不同之處，是香港不單有很多努力工作及成功的人，而且他們願意付出時間分享自己的經驗，並且建立起極為完善的生態圈，透過商會及業界機構組成不同的網絡，讓任何人都可以輕易與他們接觸。香港人很熱心助人，只要你不害羞，不為自己設限，要在本地開展生意肯定不是難事。」

對於初創來說，最重要是有富創意的想法，然後有充足的資金去發展，Andrew 說單從這兩點來考慮，香港更是無懈可擊，「在世界其他地方創業，要去找律師、會計師、銀行家等專才來幫忙，是件極不容易的事情，但在香港卻很易找到，甚至有很多初創機構及企業家組織，會幫助初創企業連繫所需要的專業人員，這些都是全球其他城市罕見的。香港有一群十分出色的創投專家，我在工作上常跟他們接觸，他們總是在說自己不缺資金，只是沒有足夠的項目去投資。由此可見，初創要在香港獲得機會絕對不是難事！」

韋安祖指出初創企業須保持足夠的現金流。

小心處理現金流

當然香港也有不少局限，初創企業必須小心處理。「香港缺乏土地，租金及各方面的成本都很高昂，燒錢速度（burn rate）在初創界是熱門討論的字眼，但做生意時，現金流永遠是最重要的，分清楚是『想要』還是『需要』，如企業每星期只有三小時在辦公室，是否有必要租用中環甲級寫字樓？小心控制成本才是初創的生存關鍵。其次，香港人口只有七百多萬，如何將本地應用的科技，放大到人口十倍以上的大灣區，甚至全國 13 億人口，以至東南亞及中東等地，永遠是考驗初創實力的命題，能夠通過此考驗，才有機會成功跑出。」

除了以上兩點，Andrew 說另一點是亞洲人的文化，「我在香港遇過一位英國人，他的初創沒有資金撐下去，他只會說公司出現流動性（liquidity）的問題，然後隨即跟我談論下一個創業想法；相同的事情發生在香港人身上，大家可能抱着另一種心態。我覺得香港人需要學習如何緩解危機，帶着信心及鼓勵去面對失敗，這是值得研究的課題。要相信自己，然後憑藉勇氣面對任何挫折，從中吸取教訓成長。」

初創
資源庫

募資渠道

數碼港創意微型基金（CCMF）

簡介：「數碼港創意微型基金」（CCMF）致力於促進創新與
創意的數碼科技理念以及早期初創企業的發展。該計
劃提供高達 10 萬港元的資金，在 6 個月的計劃期間
內，支援具備潛力的數碼科技創新概念和早期初創企
業，以驗證市場需求並加速企業發展進程。

網站：www.cyberport.hk/zh_tw/about_cyberport/cyberport_
entrepreneurs/cyberport_creative_micro_fund

電郵：ccmf_enquiry@cyberport.hk

數碼港培育計劃（CIP）

簡介：「數碼港培育計劃」（CIP）為初創者提供全面的創業支
持，旨在加速初創企業的業務成長。參與此計劃的公
司，在 24 個月的培育期間內，能獲得最高 50 萬港元
的財務援助及高達 20 萬港元的駐場租金補貼。另外，
數碼港亦提供一站式的創業支援平台，促進數碼科技
企業家的成長和發展。

網站：www.cyberport.hk/zh_tw/about_cyberport/cyberport_
entrepreneurs/cyberport_incubation_programme

電郵：cip_enquiry@cyberport.hk

中小企業市場推廣基金（EMF）

簡介：「中小企業市場推廣基金會」為每家企業提供資助，最高 10 萬港元或核准開支總費用的 50%（以較低者為準），鼓勵企業參與海外推廣活動，拓展海外市場。

申請網站： https://eform.cefs.gov.hk/form/tid001/tc/

電話：（852）2398 5172

電郵： emf_enquiry@tid.gov.hk

粵港澳大灣區青年創業資助計劃
（Funding Scheme for Youth Entrepreneurship in the GBA）

簡介： 該計劃最長支持期限為 3 年，參與計劃的青年團隊將有機會獲得高達 60 萬港元的資金支持，以及一系列創業必需的輔導和資源，包括業界交流、創業過程指導、市場及供應鏈拓展等諮詢服務。

網站： www.weventure.gov.hk/tc/plan_details/index.html

電郵： alliance@hyab.gov.hk

香港科技園 IDEATION 計劃

簡介： 此計劃旨在支持科技研發領域的初創企業，提供最高
10 萬港元的種子資金、共用工作空間、專業指導和培
訓。

網站： www.hkstp.org/zh-hk/programmes/ideation

電話： (852) 2788 6868

電郵： enquiry.marketing@hkstp.org

香港科技園創科培育計劃
（Incubation Program）

簡介： 該計劃旨在為資訊與通訊科技、電子、綠色科技及精
準工程等領域的科技初創提供全方位的支持，參加者
亦能獲得高達 129 萬港元的經費支持，用於項目研發
和業務發展。另外，亦能得到全面的支援服務，包括
研發支持、專家指導以及投資者匹配等。

網站： www.hkstp.org/zh-hk/programmes/incubation/incubation-
programme

電郵： incubation@hkstp.org

專利申請資助計劃（PAG）

簡介： 此計劃目的是促進本地企業和發明者申請專利，以此
　　　保護智慧財產，最高資助額為 25 萬港元，或專利申請
　　　費的 90%（以較低者為準）。

網站： www.itf.gov.hk/tc/funding-programmes/fostering-culture/
　　　pag/index.html

電話： （852）3655 5678

傳真： （852）2957 8726

電郵： enquiry@itf.gov.hk

發展品牌、升級轉型及拓展內銷市場的專項
基金（BUD）

簡介： 此資助旨在支持企業品牌發展、提升業務轉型效能以
　　　及開發內地業務。一般申請和「申請易」項目的資助
　　　上限為 100 萬港元和 10 萬港元，每家企業最多可獲批
　　　70 個項目，累計資助可達 700 萬港元。

網站： www.bud.hkpc.org/

電話： （852）2788 6088

傳真： （852）3187 4525

電郵： bud_sec@hkpc.org

大學科技初創企業資助計劃（TSSSU）

簡介：「大學科技初創企業資助計劃」主要目的是資助 6 所大學，為有潛力的初創團隊提供資金配對。每間初創企業在此兩項計劃下，均可獲得最多 3 年的資助，每年上限為 150 萬港元。申請者需透過所屬大學的相關部門提交申請，可於下列大學網站查詢相關的申請事宜。

香港大學：http://www.tto.hku.hk/public/tsssu/index.html

香港中文大學：www.orkts.cuhk.edu.hk/en/knowledge-transfer/tsssu-fund

香港科技大學：https://okt.hkust.edu.hk/tsssu

香港理工大學：www.polyu.edu.hk/kteo/entrepreneurship/funding_investment/polyventures-angel-fund-scheme/

香港城市大學：www.cityu.edu.hk/kto/cityuers/funding/technology-start-support-scheme-universities-tsssu

香港浸會大學：http://kto.hkbu.edu.hk/eng/tsssu

計劃網站：www.itf.gov.hk/l-tc/TSSSU.asp

支持創科機構

大灣區香港青年創新創業基地聯盟
（Alliance of Hong Kong Youth Innovation
and Entrepreneurial Bases in the GBA）

簡介： 此聯盟由香港民政及青年事務局及廣東省政府牽頭成立，邀請粵港兩地機構，建立一站式資訊、宣傳及交流平台，以支持在大灣區創業的香港青年。

網站： www.weventure.gov.hk/tc/gba_alliance/index.html

電郵： alliance@hyab.gov.hk

Google for Startups

簡介： Google for Startups 的目標是與初創生態圈中的初創企業家、創投公司以至政府部門等不同角色的持份者積極合作，打造更適合初創企業發展的大環境。Google 香港與數碼港合作推出的「初創與金融科技燃亮計劃」，為初創企業提供一系列優惠及技術支援。

網站： https://startup.google.com/

香港天使投資脈絡
（Hong Kong Business Angel Network）

簡介：　香港天使投資脈絡由香港科技園、香港創業及私募投資協會，以及四間香港的大學合作，為初創企業及各大企業建立聯繫網絡，向香港科技園的各個初創企業提供協助。

網站：　www.hkban.org/

地址：　5/F, 5 Science Park East Ave., Science Park, Pak Shek Kok, Shatin, N.T., Hong Kong.

電郵：　enquiry@hkban.org

創業快綫（Start-Up Express）

簡介：「創業快綫」旨在協助有志進軍國際市場的初創企業，提供一系列培訓工作坊、導師分享、市場推廣和投資者匹配活動。計劃會每年挑選十家表現優異的初創企業，為其提供一系列的推廣和曝光機會，並幫助它們尋找合適的投資者及潛在合作夥伴。

網站：　https://portal.hktdc.com/startupexpress/tc/s/Programme-Details

地址：　香港灣仔港灣道 1 號會展廣場辦公大樓 38 樓

電話：　（852）1830 668

傳真：　（852）2824 0249

電郵：　startupexpress@hktdc.org

中小企業支援與諮詢中心（SUCCESS）

簡介： 中小企業支援與諮詢中心（SUCCESS）是由工業貿易署創立的機構，與眾多商業團體、專業組織、私營企業及其他政府部門合作，旨在為中小企業提供全面的營商資訊和諮詢服務，並會定期舉辦研討會和工作坊。此外，該中心還提供「問問專家」業務諮詢服務，為需要專業意見的中小企業或創業企業家解答疑問。

網站： www.success.tid.gov.hk/tc_landing.html

地址： 香港九龍城協調道 3 號工業貿易大樓 13 樓 1301 室

服務時間： 星期一至星期五（公眾假期除外）08:45-12:30; 13:30-17:45

電話： (852) 2398 5133

傳真： (852) 2737 2377

電郵： success@tid.gov.hk

支持創科院校

香港城市大學

1. 城大創新學院（CityU Academy of Innovation）

簡介： 城大創新學院將會提供全新的四個創業學術課程，包括哲學博士學位（創新創業）、理學碩士學位（創新創業）、研究生創新創業啟航課程（GRIT）、Overseas Start-up Technology Entrepreneur Programme（STEP），培養年輕的初創人才和企業。

網站： www.cityu.edu.hk/svie/academy-of-innovation.htm

電話： （852）3442 8608

電郵： CAI@cityu.edu.hk

2. 城大知識轉移處
（CityU Knowledge Transfer Office, KTO）

簡介： 城大知識轉移處（KTO）的使命是保護和商業化城市大學初創團隊所創造的知識產物，主要提供的服務包括技術授權、智慧財產管理、建立創新與創業生態系統等。

網站： www.cityu.edu.hk/kto/

地址： 香港特別行政區九龍九龍塘達之路 83 號香港城市大學鄭翼之樓 2 樓 2220 室

電話： （852）3442 6821

傳真： （852）3442 0883

電郵： kto@cityu.edu.hk

3. HK Tech 300

簡介：「HK Tech 300」旨在協助城大學生、校友及研究人員成立初創企業。為參與者提供創業的初步機會。計劃的不同階段會為項目團隊提供 1 萬港元至 1,000 萬港元的資金，以及不同的培訓項目。參加者也可以透過該計劃得到專業導師的指導（導師名單網站：www.cityu.edu.hk/hktech300/zh-hk/resources/mentorship-scheme）

網站：www.cityu.edu.hk/hktech300/zh-hk/about-hk-tech-300/about-programme

4. HK Tech 300 天使基金

簡介：該基金為合資格的城大初創團隊提供最高達 100 萬港元的投資及共享工作空間，旨在推動企業的業務發展。另外，初創團隊也能獲得諮詢服務、導師指導等支持，更會被安排與主要商會及其他支援機構進行商務會面。

網站：www.cityu.edu.hk/hktech300/zh-hk/about-hk-tech-300/hk-tech-300-angel-fund

電郵：hktech300.angel@cityu.edu.hk

5. HK Tech 300 種子基金

簡介： 該基金幫助合資格的城大項目團隊落實具體初創創意，為成功申請的團隊提供高達 10 萬港元的資助。

網站： www.cityu.edu.hk/hktech300/zh-hk/about-hk-tech-300/hk-tech-300-seed-fund

電郵： hktech300.seed@cityu.edu.hk

6. IGNITE 培訓

簡介： IGNITE 培訓是一個為期 3 天的密集創業培訓，為城大初創者提供全方位的支持。培訓內容包括：明確市場定位和目標用戶、提高產品吸引力、創建原型、評估商業模型可行性、尋找資金獲取途徑等。

網站： www.cityu.edu.hk/hktech300/zh-hk/resources/training

電郵： hktech300.training@cityu.edu.hk

香港浸會大學

1. HKBU Inno Realisation Fund

簡介： 該基金致力於培育浸大的創新與創業文化，促進浸大
創新成果和商業化。此外，獲資助的項目將獲得專業
的諮詢建議，並受邀參加與投資者的交流活動、創業
比賽和其他孵化計劃。

網站： https://kto.hkbu.edu.hk/en/our-services/funding-
opportunities/Inno-Realisation-Fund.html

電話：（852）3411 8075

電郵： kto_funding@hkbu.edu.hk

2. 創新、轉化及政策研究院（ITPR）

簡介： 創新、轉化及政策研究院（ITPR）積極推動創新、研發
和技術轉化應用，主要針對三大範疇：創新與創業、
技術轉化、政策研究，促進浸大在業務拓展、科研和
政策研究等領域的可持續發展。

網站： https://itpr.hkbu.edu.hk/zh-hk.html

地址： 香港九龍塘浸會大學道 15 號香港浸會大學教學及行政
大樓 13 樓 1301 室

電話：（852）3411 8319

電郵： itpr@hkbu.edu.hk

3. 知識轉移處（KTO）

簡介： 香港浸會大學知識轉移處一直致力於促進學界與產業之間的合作，多年來累積了豐富的經驗，使大學和社會大眾都能有所受益。

網站： https://kto.hkbu.edu.hk/en.html

地址： 香港九龍塘聯福道 34 號香港浸會大學逸夫校園思齊樓 DLB 825 何善衡校園溫仁才大樓 (東翼)11 樓 OEE 1104 室

電話： （852）3411 8098

傳真： （852）3411 8093

電郵： kto@hkbu.edu.hk

嶺南大學

1. Graduate Support Fund（GSF）

簡介： 該基金專為嶺南大學畢業生而設，每個獲批的項目最多可獲 3 萬港元資助，激勵畢業生發展自主創業的機會。

網站： www.ln.edu.hk/cht/lei/funding/graduate-support-fund

電話： （852）2616 8079

電郵： lei@ln.edu.hk

2. Innovation and Impact Fund (IIF)

簡介：該基金的設立是為了鼓勵學生利用學術知識來推動創
業精神，從而發展他們的創業能力和精神，為社會創
造正面影響，每個項目的最高資助金額為 3 萬港元。

網站：www.ln.edu.hk/cht/lei/funding/IIF

電話：（852）2616 8074

電郵：lei@ln.edu.hk

3. 嶺南創業行動（LEI）

簡介：嶺南創業行動成立於 2018 年，培育嶺南學生、校友及
教職員的創新思維和策略能力，更好地應對當前的挑
戰，並為社會做出貢獻。

網站：www.ln.edu.hk/cht/lei

電郵：lei@ln.edu.hk

4. Lingnan Entrepreneurship Fund（LEF）

簡介：嶺南大學創業基金將會提供高達 50 萬港元的資助及技
術諮詢服務，希望能藉此培育出未來的世界領袖。

網站：www.ln.edu.hk/cht/lei/funding/lingnan-university-
entrepreneurship-fund-luef

電郵：luef@ln.edu.hk

5. Pre-incubation for Innovators and Entrepreneurs（PIE）Programme

簡介： PIE 計劃是由嶺南創業行動（LEI）與科技園（HKSTP）共同組織的初創孵化項目，為年輕的初創領袖提供最高 10 萬港元的種子基金，以及不同的工作坊，涵蓋商業管理和技術培訓等領域。

網站： www.ln.edu.hk/cht/lei/funding/pie

電話： （852）2616 8067

電郵： lei@ln.edu.hk

6. Students Entrepreneurial Exploration Development (SEED) Fund

簡介： 該基金只限嶺南大學的在讀學生申請，將會為每個項目提供最多 3 萬港元的資助，支持團隊開發原型和發掘潛在客戶。

網站： www.ln.edu.hk/cht/lei/funding/student-entrepreneurial-exploration-development-seed-fund

電話： （852）2616 8074

電郵： lei@ln.edu.hk

7. Start-up Trial Fund（STF）

簡介： 此基金的最高資助額為 5000 港元，支持初創學生驗證
創意。

網站： www.ln.edu.hk/cht/lei/funding/start-up-trial-fund

電話： （852）2616 8079

電郵： lei@ln.edu.hk

香港中文大學

1. 香港中文大學創業研究中心（CfE）

簡介： 創業研究中心自成立以來，一直以研究、教育和回饋
社會為核心，不斷孕育具潛力的企業，推動其經濟成
長及業務發展。中心會定期邀請企業家、學者、專業
人士來舉辦活動，例如演講和研討會，推廣更全面的
初創知識。

網站： https://entrepreneurship.bschool.cuhk.edu.hk/

地址： 香港馬料水澤祥街 12 號鄭裕彤樓 6 樓 601 室

電話： （852）3943 7542

傳真： （852）2994 4363

電郵： entrepreneurship@cuhk.edu.hk

2. 中大創新有限公司（CUHK Innovation）

簡介： 中大創新有限公司專門投資與中大科技創新及新創企業社群相關的創業項目，為其提供資助，將科研成果轉化為社會資源，建立一個蓬勃發展的創業生態圈，現已成功孵化多家初創企業。

網站： https://cuhkinnovation.hk/zh-Hant

電郵： innovation@cuhk.edu.hk

3. Entrepreneurship Essentials

簡介： Entrepreneurship Essentials 是個免費的線上課程，課程長達 140 周，主要介紹創業的基本概念、理論和框架。深入探討編寫商業計劃、融資及團隊建設等多個層面，完成課程後可獲得證書。

網站： https://entrepreneurship.bschool.cuhk.edu.hk/entrepreneurship-essentials/

4. 研究及知識轉移服務處（ORKTS）

簡介： 研究及知識轉移服務處不僅是各大研究機構、政府部門、企業及組織首選合作夥伴，並且為研究人員、學生和業界提供一系列服務，包括研究與資助、智慧財產授權、合約服務、知識轉移等。

網站： www.orkts.cuhk.edu.hk/en/

地址： 香港新界沙田香港中文大學碧秋樓 3 樓 301 室

服務時間：星期一至星期四（公眾假期除外）08:45 -13:00；14:00 -17:30、星期五（公眾假期除外）08:45 -13:00；14:00 -17:45

電話：（852）3943 9881

香港教育大學

1. 創業與研究中心（CEAR）

簡介： 創業與研究中心致力於推動科技創新，提供全面的支援。此外，中心亦與多個創科培育機構合作，為創科團隊提供更多的科研合作機會，並且幫助團隊和成功企業家建立聯繫，進一步拓展其商業網絡。

網站： https://cear.eduhk.hk

電郵： kt@eduhk.hk

2. 教育 + 與社會企業家基金計劃（EASE Fund）

簡介： 此計劃旨在為教大學生和校友提供種子基金、導師指導、創業工作坊，促進教大的創業氛圍。

網站： www.eduhk.hk/KnowledgeTransfer/tc/Entrepreneurship-Development/Internal-Entrepreneurship-Schemes/Eduhk-Ease-Fund-Scheme.html

電話： （852）2948 8628 / Whatsapp：6353 3539

電郵： easefund@eduhk.hk

3. 學生創新及創業培育計劃（EDuce）

簡介： 這個計劃專門針對有創業志向的教大學生，旨在發掘和培育未來的創業人才。參加者將有機會參與創業工作坊、本地和亞洲的創業比賽，也會到初創企業實習，這些活動將幫助他們在創新、探索和成長的道路上不斷前進。

網站： https://www.eduhk.hk/KnowledgeTransfer/tc/Entrepreneurship-Development/Internal-Entrepreneurship-Schemes/Innovation-And-Entrepreneurship-Student-Talent-Development-Program-Invested.html

電話： （852）2948 7556

電郵： kt@eduhk.hk

香港理工大學

1. Entrepreneurship Investment Fund (EIF)

簡介： 「EIF」主要投資於香港理工大學學生、教職員、學者、校友的初創企業，幫助企業初期得以迅速發展。

網站： www.polyu.edu.hk/kteo/entrepreneurship/funding_investment/polyu-entrepreneurship-investment-fund/

電話： （852）3400 2716

電郵： eifund@polyu.edu.hk

2. 大灣區國際創新學院（GBA I3）

簡介： 為了共同推動大灣區的發展，理工大學於 2018 年 7
月與深圳大學聯手成立了大灣區國際創新學院。該學
院與全球頂尖的大學、政府和企業合作，提供專業培
訓和創業支援，培育新一代的科技創業精英。

網站： www.gbai3.org/Home

電郵： enquiry@gba-i3.org

3. 知識轉移及創業處（KTEO）

簡介： 知識轉移及創業處主要協助香港理工大學的學者，將
研究成果轉化為實際的初創項目，加強校內外的合
作，促進創業精神，同時推動創業文化。

網站： www.polyu.edu.hk/kteo/about-kteo/

電話： （852）3400 2929

電郵： info.kteo@polyu.edu.hk

4. Micro Fund (MF) Scheme

簡介： 「MF」創立於 2011 年，與科技園的創意孵化計劃合
作，總共提供高達 151 萬港元的資金支持，旨在幫助
初期創業項目起步。

網站： www.polyu.edu.hk/kteo/entrepreneurship/
funding_investment/polyu-micro-fund-scheme/

電話： （852）3400 2678 / 2627 / 2625

電郵： micro.fund@polyu.edu.hk

5. 學生創業概念驗證基金計劃（POC）

簡介： 該基金計劃旨在培養學生的創新思維。經過評審後，表現優異的初創團隊將能獲得高達 2 萬港元的獎學金。

網站： www.polyu.edu.hk/kteo/entrepreneurship/funding_investment/polyu-student-entrepreneurial-proof-of-concept-funding-scheme/

電話： （852）3400 2774

電郵： sepoc@polyu.edu.hk

香港科技大學

1. 校友基金學生創業輔助金
（Alumni Endowment
Fund Student Start-up Grants, AEF）

簡介： 本基金專為科大學生、校友、教職員而設，支持其創業項目及業務。服務涵蓋不同發展階段的創業項目，提供資金、獎項、資源及服務等，每個項目的最高資助額可達 10 萬港元。

網站： https://ec.hkust.edu.hk/events/aef-student-start-grants

電話： （852）2358 6021

電郵： ecfund@ust.hk

2. 科研實踐基金（Bridge Gap Fund, BGF）

簡介： 該基金的創辦宗旨是鼓勵科技創業，推動科大技術商業化，並且提升科研團隊參與技術研發的積極性。BGF 基金資助分為「種子項目支持計劃」和「知識產權商業化計劃」，分別提供高達 25 萬港元和 50 萬港元的資助。

網站： https://okt.hkust.edu.hk/zh-hant/bridge-gap-fund

電話： （852）3400 2774

電郵： sepoc@polyu.edu.hk

3. 陳登社會服務基金獎
（Chan Dang Foundation Social Entrepreneurship Award）

簡介： 該基金會的設立目的在於鼓勵並支持學生發展企業家精神，表彰為社區帶來正面影響的初創項目。該獎項對象為香港科技大學的在學學生，每個項目最高可獲得 6 萬港元的資助。

網站： https://ec.hkust.edu.hk/events/chan-dang-foundation-social-entrepreneurship-award

電郵： ecfund@ust.hk

4. Dream Builder Incubation Program（DBIP）

簡介： 被該計劃錄取的初創團隊將獲得最高 10 萬港元的種
子基金、全方位培訓、專家指導，以及科大創業空間
「The BASE」。該計劃將會幫助初創團隊在 12 個月內
驗證項目和開發產品原型，提升其競爭力。

網站： https://ec.hkust.edu.hk/events/dream-builder-
incubation-program

電郵： dreambuilder@ust.hk

5. Entrepreneurship 101

簡介： 「Entrepreneurship 101」是為期 10 周的創業培訓課
程，幫助創業新手了解相關的知識。課程將會深入探
討創業的各個面向，包括營銷、財務、法律及智慧財
產等問題。

網站： https://ec.hkust.edu.hk/entrepreneurship-101-training-
home

電郵： ecenter@ust.hk

6. Entrepreneurship Bootcamp

簡介： 「Entrepreneurship Bootcamp」是由香港科技大學
創業中心舉辦的創業訓練營，為科大學生提供初創學
習平台，全面地介紹香港的創業生態系統，亦提供基
礎培訓、工作坊，以及實地考察。參加者還能拓展人
脈，與來自不同學科和國家的學生合作，共同開發創
新項目。

網站： https://ec.hkust.edu.hk/entrepreneurship-bootcamp

電郵： ecenter@ust.hk

7. 香港科技大學創業中心
   （Entrepreneurship Center, EC）

簡介： 香港科技大學創業中心致力於培養學生和社區成員的
　　　創業精神，提供一系列的支援服務，包括導師指導、
　　　資金支持、研討會及競賽等，希望培育具備創新精神
　　　的企業家，推動具社會影響力的創新項目。

網站： https://ec.hkust.edu.hk/
地址： 香港九龍清水灣香港科技大學 4 樓 4586 室
電郵： ecenter@ust.hk

8. 香港科技大學創業基金
   （Entrepreneurship Fund, E-Fund）

簡介： 「創業基金」（E-Fund）專門支持具發展潛力的科大創
　　　業公司，主要投資於天使輪、種子輪或 Pre-A 融資階
　　　段，每間初創企業最高可獲得 500 萬港元投資，用於
　　　研發及市場開發等營運活動。

網站： https://e-fund.hkust.edu.hk/

9. 科大創業計劃（Entrepreneurship Program）

簡介： 該創業計劃自 1999 年起與香港多間孵化器合作，為科
　　　大師生及校友提供創業支援，包括孵化服務與共享空
　　　間租賃等。

網站： https://rdc.hkust.edu.hk/guidelines
電話： （852）2358 8060
電郵： rdc@ust.hk

10. HKUST x HKSTP Co-ideation Program

簡介： 整個計劃為期 6 個月，由科技園和香港科技大學共同
合作，為有意創業的人士開始提供全面的相關支援，
參與計劃的創業團隊將獲得最高 10 萬港元的種子基
金，並且會得到香港科技大學顧問提供的專業指導，
此外，計劃還有助於創業團隊進入香港科技園的孵化
計劃。

網站： https://ec.hkust.edu.hk/hkustxhkstp-co-ideation-
program

電郵： coideation@ust.hk

11. MentorHUB@HKUST 師友計劃

簡介： 這是一個匯聚來自全球各地專業導師的平台，專為有
志創業的學生設計。通過線上指導的模式，該計劃打
破了時間和空間的束縛，根據學生的具體需求配對適
合的導師，確保學生能夠獲得即時的反饋和專業建議。

網站： www.ec.ust.hk/mentorship/

電話： （852）2358 6021

電郵： dbmentor@ust.hk

12. Subsidy & Recognition Award

簡介： 該獎勵計劃旨在鼓勵學生參與和創業、創新的相關活動，例如比賽、展覽、會議等，同時也為在外表現優異的學生提供額外的資金支持，以助其進一步發展創業、創新的能力。

網站： https://ec.hkust.edu.hk/events/subsidy-recognition-award-hkust-teams-participating-entrepreneurship-innovation

電郵： ecfund@ust.hk

13. 創業基地（The BASE）

簡介： The BASE 專門就創業者的需求而設，提供共享工作空間、會議室、置物櫃等設施，以及專業的諮詢服務。

網站： https://ec.hkust.edu.hk/thebase/home

電郵： ecenter@vst.hk

香港大學

1. DeepTech100

簡介： DeepTech100 與香港大學 iDendron 及科技園合作，計劃為期一年，旨在將科技研究成果轉化為初創企業。香港大學與香港科技園公司將聯合提供開發資源及商業支持，資助金額高達 139 萬港元。

網站： https://tec.hku.hk/deeptech100/

電話： （852）3910 2727

電郵： mandyhy@hku.hk

2. HKU Entrepreneurship Engine Fund (EEF)

簡介： 該基金的設立目的在於培育初創人才，將革命性技術帶入市場，並與眾多投資者合作，為初創項目提供長期的資金支援。

網站： https://tec.hku.hk/hku-entrepreneurship-engine-fund/

電話： （852）3910 2495

電郵： hkutec@hku.hk

3. Gear Up 創業種子基金培育計劃

簡介： 該計劃旨在為青年創業者提供全面的初創支援，除了高達 60 萬港元的種子獎金外，入選團隊還將會享有共享辦公空間和相關場地，更有路演機會及豐富的孵化服務，如專業輔導、工作坊等，全方位助力青年實現創業夢想。

網站： https://tec.hku.hk/gear-up/

電話： （852）3910 2495

電郵： hkutec@hku.hk

4. iDendron

簡介： iDendron 為香港大學的學生、校友或員工組成的初創團隊成員提供豐富的資源，包括位於包兆龍樓 2 樓的 24 小時共享工作空間、會議室等設施，成員還可享受專屬的導師資源、創業指導、工作坊，以及特約服務供應商的獨家優惠。

網站： https://tec.hku.hk/membership/

電話： （852）3910 2495

電郵： hkutec@hku.hk

5. International Innovation and Entrepreneurship Competition Subsidy for HKU Student Entrepreneurs

簡介： 為參加海外舉辦的創新創業比賽的港大學生提供資助。

網站： https://tec.hku.hk/iecs/

電話： (852) 3910 2726

電郵： tim.cheung@hku.hk

6. SEED

簡介： SEED 是一個為各產業領域的初創項目而設的密集式孵化計劃。計劃將涵蓋三周的培訓，提升港大學生的創業技能。完成計劃後，參加者將有機會加入香港科技園的 IDEATION 計劃計劃，獲得高達 10 萬港元的資助，並有資格被提名參加其他相關的初創比賽，增加曝光度。

網站： https://tec.hku.hk/seed/

電話： (852) 3910 2726

電郵： tim.cheung@hku.hk

7. 創新及創業中心（TEC）

簡介： 香港大學創新創業中心致力建立一個活躍的創新創業生態，培養卓越的初創人才和研究成果，推動香港及國際的經濟發展。中心將會整合校園內的創業資源，連結不同領域的人才，支持初創企業的研發成果。

網站： https://tec.hku.hk/

地址： 香港薄扶林香港大學包兆龍樓 2 樓

電話： (852) 3910 2495

電郵： hkutec@hku.hk

創科比賽

香港城市大學 HK Tech 300 全國創新創業千萬大賽

簡介： 本比賽旨在促進香港和內地的交流合作，將會為初創團隊提供跨境孵化、科技賦能、投資機會，得獎團隊將獲得 100 萬港元的天使投資資金及城大 HK Tech 300 的培育資源。

網站： www.cityu.edu.hk/hktech300/zh-hk/national-start-up-competition

電郵： hktech300.info@cityu.edu.hk

香港城市大學 HK Tech 300 東南亞創新創業千萬大賽

簡介： 此比賽專為東南亞的初創企業而設，助力這些企業拓展香港及內地市場。比賽將與當地夥伴大學及初創培育機構合作，最後勝出的前 10 名將各自獲得高達 100 萬港元的天使資金投資。

網站： www.cityu.edu.hk/hktech300/zh-hk/seasia

電郵： hktech300.info@cityu.edu.hk

科大 — 信和百萬獎金創業大賽

簡介： 此比賽旨在為香港科技大學及周邊地區提供一個綜合的創業學習平台，讓學生能創建及評估其創業項目，為未來的創業生涯做好準備。優勝團隊將可以獲得高達 40 萬港元的獎金及一系列的支援服務。

網站： https://ec.hkust.edu.hk/one-million/hk/2024

電郵： hkust1m@ust.hk

Hong Kong Techathon+

簡介： 「Hong Kong Techathon+」匯聚了來自不同大學的參與者，包括軟體開發者、工程師、設計師、市場人員及創業者，共同孵化初創創意和產品原型。參與者會有機會結識志同道合的團隊成員，還能得到資深導師的指導，並有機會獲得種子基金和孵化支持。

網站： www.hktechathon.com/

香港大學生創新及創業大賽

簡介： 本比賽由香港新一代文化協會主辦，協會為加強對香港初創團隊的支持，設立創業基金，每個項目的資助額由 40 萬港元、45 萬港元及 60 萬港元不等，同時為獲資助項目提供全方位支持和服務。

網站： www.hkchallengeplus.com

電郵： hkchallengeplus@newgen.org.hk

IPHatch 香港知識產權創業比賽

簡介： 本比賽由香港貿發局舉辦，鼓勵創新者把知名跨國科
企和香港科技大學提供的科技專利組合，變成嶄新的
商業應用，幫助企業擴大業務，走向「深科技」發展。

網站： www.iphatchday.com/asia

聯絡： +65 8699 6619（只用作 WhatsApp）

創客中國國際中小企業創新創業大賽

簡介： 本比賽由中國國家工業和信息化部（工信部）重點打
造，旨在推動國際創新技術與中國內地企業、產業園
區以至政府政策的對接，協助產業協同創新和產業升
級。

網站： https://smeiegc.hk/details/

電話： （852）5287 1310（只用作 WhatsApp）

電郵： enquiry@smeiegc.hk

前海粵港澳台青年創新創業大賽

簡介： 本比賽由前海管理局主辦，旨在發掘具創意及創新能
力的青年人才、培養青年人創新態度、發揮領袖潛能
及創業家精神，在大灣區實現創業夢想。當中分為企
業成長組和初創團隊組比賽，爭奪最高 10 萬元人民幣
獎金。

網站： https://sic.hkfyg.org.hk/qianhaihk

電話： （852）3595 0945 /（852）3596 8001

電郵： hkchallengeplus@newgen.org.hk

創業世界盃（Startup World Cup）

簡介：　本比賽聚集了世界各地頂級的創業團隊、風險資本家以及財星 500 強的首席執行官，比賽會在全球 50 多個國家和地區進行，香港區的冠軍將進入全球總決賽，並獲得機票和住宿資助，最終獲勝者將獲得 100 萬美元的投資。

網站：　www.startupworldcup.io/hong-kong-regional

電郵：　info@startupworldcup.io

科大創新之星計劃（U*STAR）

簡介：　科大創新之星計劃鼓勵將大學研究及技術研究成果轉化為商業計劃，獎項提供資金、支援和初創服務等，助力參加者的每個初創階段，每個項目的最高資助額度為 5 萬港元。

網站：　https://ec.hkust.edu.hk/events/ustar-award

電話：　（852）2358 6021

電郵：　ecfund@ust.hk

JUMPSTARTER 環球創業比賽

簡介： 本比賽是阿里巴巴旗下的一個非牟利初創比賽，每年
11 月舉辦，以推動創業及創新精神為宗旨，勝出者有
機會獲得高達 500 萬美元投資額，與潛在企業家及投
資者建立聯繫等。

網站： www.jumpstarter.hk/tc/startup

電郵： jumpstarter@ent-fund.org

「敢闖。敢創」創業比賽

簡介： 本比賽由青企局主辦，透過以 5 分鐘為限的創業計劃
匯報體驗，讓有志創業的年輕人可以在來自各行各業
的評審專家面前展現他們創新及獨特的商業意念，並
獲得專業指導及資助。

網站： https://daretochange.ydc.org.hk/tc/home.aspx

電話： 大學組（852）2798 3979 / 中學組（852）2198 3990

電郵： dare.to.change@ydc.org.hk

初創
關鍵詞

1. A/B測試或對比測試（A/B Testing）
透過實驗比較兩個版本的產品或功能，以確定哪一個版本具有更佳的性能表現。

2. 加速器（Accelerator）
專門促進初創企業快速成長的機構，提供各種各樣的支援資源，包括資助、工作坊及專家諮詢等，協助企業規劃和改進業務營運。

3. 人才收購（Acqui-hire）
指一家公司收購另一家公司，主要是為了獲得其僱員的專業技術能力，而非為了獲取被收購公司的產品、服務或知識產權。

4. 雛型測試（Alpha Test）
在對外部用戶開發前，首先進行的內部產品或服務測試階段。

5. 天使投資者（Angel Investor）
為初創企業提供資金以換取股權的個人投資者，這類投資通常不屬於正式融資階段。

6. 年度經常性收入（Annual Recurring Revenue, ARR）
主要應用於訂閱制業務中的指標，用於計算來自客戶訂閱一年之內的預測收入，幫助企業評估其長期的財務健康狀況。

7. 藍海策略（Blue Ocean Strategy）
創造新市場或尋找未開發的市場空間，以避免與競爭對手直接競爭的策略。

8. 訓練營（Bootcamp）

短期而密集的訓練課程，教學內容通常包括初創相關的實用知識和技能。

9. 自助法（Bootstrapping）

使用個人資金或業務收入來建立和資助初創企業，而不依賴外部投資。

10. 過橋融資（Bridge Financing）

公司在獲得下一輪融資或實現盈利之前，所使用的過渡性貸款。

11. 商業模式（Business Model）

公司的盈利計劃，當中詳細説明提供的產品或服務、目標客戶和預期成本。

12. 商業計劃書（Business Plan）

商業計劃書概述了公司的商業目標、市場分析、財務規劃、營銷策略，對於企業的早期發展規劃十分重要。

13. 職業倦怠（Burnout）

初創者或員工因高壓和過長工作時間而經歷的身體或精神倦怠。

14. 燒錢率（Burn Rate）

初創企業在產生正現金流之前，用於支付開支的資金消耗速度。

15. 商業模式圖（Business Model Canvas）

一種戰略管理工具，將初創企業的商業模式的關鍵元素在一個頁面上進行可視化呈現。

16. B2B（Business-to-Business）
    企業之間進行的商業交易，其中一家企業向另一家提供
    其產品或服務。

17. B2C（Business-to-Consumer）
    企業直接向個人消費者提供產品或服務的商業交易。

18. 股權結構表（Cap Table）
    此表格詳細記錄了公司股東的股權分配情況，包括股東
    的資本投入及其股權占比。

19. 現金流量（Cash Flow）
    企業在特定時間段的現金收支，反映了企業的盈利能力
    和資金狀況。

20. 現金生命周期（Cash Runway）
    初創企業在耗盡現有資金前，能夠維持營運的時間長度。

21. 可轉換票據（Convertible Note）
    一種短期債務工具，可以在未來預定的事件（如融資輪
    次）轉換為股權。

22. 共用工作空間（Co-working Space）
    有別於傳統辦公室，共用工作空間使用者通常來自不同
    公司，並且提供靈活的租賃條款和公共資源，為初創企
    業提供較低成本的辦公方案。

23. 眾籌（Crowdfunding）
    通過線上平台向大量人士募集小額資金，從而為項目或
    企業籌集資金。

24. 客戶獲取成本（Customer Acquisition Cost, CAC）
   公司獲取新客戶所需的成本，包括市場營銷和銷售費
   用。

25. 顧客流失率（Customer Churn Rate）
   指顧客的流失數量和所有顧客數量的比率，能反映出企
   業的經營和管理狀況。

26. 顧客終身價值（Customer Lifetime Value, LTV）
   在顧客與企業維持交易關係的期間內，企業能從顧客身
   上獲得的總收益。

27. 破壞性創新（Disruptive Innovation）
   一種新技術或商業模式的出現，顛覆現有市場和產品，
   創造出新的價值和機會。

28. 盡職調查（Due Diligence）
   對一家企業或投資機會進行全面調查和評估，以確定其
   價值、風險和可行性。

29. 早期採用者（Early Adopters）
   在新產品或服務被廣泛採用前，最早一批使用並支持的
   用戶，能提供初步的市場驗證及建議反饋。

30. 電子商務（E-commerce）
   通過互聯網進行的商業活動，包括線上購物、電子支付
   和線上市場。

31. 股權（Equity）
   在公司中，股權代表對公司資產和收益的權益或股份。

32. 退出策略（Exit Strategy）
    企業家通過出售或退出其初創企業的方式，例如通過收購或首次公開募股（IPO），回收其投入的資本。

33. 籌資（Fundraising）
    從投資者或其他來源獲取資金，支持初創企業的營運和增長的過程。

34. 成長黑客（Growth Hacking）
    使用創意和非傳統策略，快速增加初創企業的用戶基數或客戶獲取數量。

35. 孵化企業（Incubatee）
    受到孵化器支持和指導的企業或創業團隊。

36. 孵化器（Incubator）
    為早期初創企業提供資源、指導和支持的組織或計劃，以幫助它們發展和成長。

37. 基礎架構式服務（Infrastructure as a Service, IaaS）
    透過雲端提供基礎架構式服務，機構可自行按需使用服務，無須採購、管理或維護資料中心的基礎架構。

38. 首次公開募股（Initial Public Offering, IPO）
    首次銷售公司股份給公眾，使其成為一家上市公司。

39. 知識產權（Intellectual Property, IP）
    對思想創作、發明、設計或品牌識別等創作成果的法律保護。

40. 精實創業（Lean Startup）
    一種強調快速迭代、驗證學習和客戶反饋的方法，用於開發和完善初創企業的商業模式。

41. 市場滲透策略（Market Penetration Strategy）
    推廣企業的現有產品，以提升市佔率。

42. 市場驗證（Market Validation）
    在投入大量資源之前，確認產品或服務存在真實市場需求的過程。

43. 最小可行產品（Minimum Viable Product, MVP）
    足以收集用戶反饋和驗證其市場潛力的最基本產品。

44. 保密協議（Non-disclosure Agreement, NDA）
    一種具有法律效力的合約，簽訂該協議後，當一方向另一方透露商業機密信息時，接收方需嚴格保密該資訊，不得有任何不當使用。

45. 北極星指標（North Star Metric）
    是對商業行為或系統的量度，作為其增長重點的指標。

46. 演示文稿（Pitch Deck）
    以簡報形式向投資者展示初創企業的業務模式、市場機會和預期收益，常作為募集資金的工具。

47. 轉向（Pivot）
    在初創企業遇到困難或發現新的商機時，更改業務模式或產品戰略的策略性轉變。

48. 平台式服務（Platform as a Service, PaaS）
    提供和管理所有必需的硬體和軟體資源，開發者能通過雲端開發和運行應用程式，不需要建設和維護基礎架構或平台。

49. 種子前輪（Pre-seed）
初創者為了驗證商業構想、建立原型以及進行市場調查而募集的初始資金。

50. 產品市場契合度（Product-Market-Fit, PMF）
產品能滿足市場需求的程度，是成功創業的首要步驟，並且涉及到收集市場反饋。

51. 投資報酬率（Return on Investment, ROI）
投資收益和投入成本的比率。

52. 可規模化（Scalability）
初創企業在保持營運效能，並且不額外增加顯著成本的同時，能夠有效應對不斷增長的市場需求。

53. 擴大規模（Scale-up）
當初創企業處於快速成長階段時，其客戶基數、營運收入或市場規模有顯著增長。

54. 二級市場（Secondary Market）
投資者向其他投資者購買證券或資產，而非直接向發行公司購買。

55. 種子融資（Seed Funding）
初創企業在初期融資階段獲得的資金，通常由天使投資者或風險投資基金提供，用於支持企業的初期發展。

56. A輪融資（Series A Funding）
初創企業發展初期的融資階段，通常由風險投資基金提供，用於擴大業務規模和實現增長。

57. B輪融資（Series B Funding）

當公司的商業模式已經穩定，大部分業務開始盈利時，便會開始進行B輪融資，開發新產品和拓展新市場。

58. C輪融資（Series C Funding）

企業在進行C輪融資時，通常已經發展到成熟階段，擁有良好的品牌知名度和穩定的收入來源。C輪融資往往是為了準備首次公開募股（IPO）、實施收購策略或開發新產品。

59. 軟體式服務（Software as a Service, SaaS）

在雲端提供的應用程式，供用戶隨時存取和使用，多數能直接通過網絡瀏覽器訪問，客戶無須下載或安裝任何軟件。

60. 社會效益投資回報（Social Return on Investment, SROI）

一個運用金錢演繹社會項目所生產的效益的一種方法，方便初創企業投資人迅速了解項目效益。

61. 隱匿模式（Stealth Mode）

在初創企業的早期發展階段，為了防止競爭對手提前洞悉並模仿其創新點，企業通常會選擇保持低調，在正式公開前，不對外透露其產品或商業模式。

62. 血汗股權（Sweat Equity）

企業創始人或員工通過付出勞力和時間，而非現金投資，來獲得股權或股份。

63. 投資條件書（Term Sheet）
幫助初創企業與投資者規劃未來的投資交易，並明確約定公司估值、投資金額及相關權利與義務等事項。

64. 整體潛在市場（Total Addressable Market, TAM）
產品或服務在目標市場中可達到的市場規模。

65. 獨角獸（Unicorn）
指成立不到10年而估值超過10億美元的非上市企業。

66. 用戶體驗（User Experience, UX）
使用者與產品或服務互動時的整體感受和使用滿意度。

67. 用戶介面（User Interface, UI）
是指人與電腦或其他電子設備之間進行互動的界面，使用戶能夠與系統進行交流、操作和控制。它包括了顯示在螢幕上的圖形元素、按鈕、選單、表單以及其他與用戶互動的元素。

68. 價值主張（Value Proposition）
針對特定客戶群體，提供滿足其需求的產品或服務，並確保品質達到預期水平，使客戶能感受到相應的價值。

69. 風險投資（Venture Capital, VC）
投資機構或個人向具備高成長潛力的初創企業提供資金和支持，以獲取其股權回報。

70. 病毒式營銷（Viral Marketing）
通過社交媒體、口碑傳播等方式，在用戶之間迅速傳播的營銷策略。